양식 필기 조리기능사

빈출문제 10회

이현경 저

다락원

머리말

양식조리기능사는 양식메뉴 계획에 따라 식재료를 선정, 구매, 검수, 보관 및 저장하며 맛과 영양을 고려하여 안전하고 위생적으로 음식을 조리하고 조리기구와 시설관리를 수행하는 직무를 수행합니다.

이 책은 '양식조리기능사 필기시험'을 준비하는 수험생들이 짧은 시간에 필기시험에 합격할 수 있게 CBT 형식 모의고사로 구성하였습니다.

1. 기출에서 반복된다!

지난 10년간의 기출문제를 분석하여 출제빈도가 높은 문제만을 모아 10회의 모의고사로 구성하였습니다.

2. CBT시험에 강하다!

실제 CBT시험 화면과 유사하게 모의고사 지면을 편집하여, 수험자들의 불편함을 최소화하였습니다.

3. 벼락치기 핵심이론!

양식 필기 이론을 최대한 압축하여 정리해 수험자들이 시험 직전에 활용할 수 있게 하였습니다. 무료 동영상과 함께 핵심만 빠르게 정리할 수 있습니다.

4. 동영상으로 보는 기출문제!

기출문제를 복원한 모의고사를 동영상으로 학습합니다. 문제 푸는 법, 암기법 등 쉽고 빠르게 시험과 친해질 수 있습니다.

수험생 여러분들의 앞날에 합격의 기쁨과 발전이 있기를 기원하며, 이 책의 부족한 점은 여러분들의 조언으로 계속 수정 · 보완할 것을 약속드립니다.

이 책에 대한 문의사항은
원큐패스 카페(http://cafe.naver.com/1qpass)로 하시면 친절히 대답해 드립니다.

시험안내

자격종목   양식조리기능사

응시방법   **한국산업인력공단 홈페이지**
회원가입 → 원서접수 신청 → 자격선택 → 종목선택 → 응시유형 → 추가입력 →
장소선택 → 결제하기

시험일정   **상시시험**
자세한 일정은 Q-net(http://q-net.or.kr)에서 확인

검정방법   **객관식 4지 택일형, 60문항**

시험시간   **1시간(60분)**

시험과목   **양식 재료관리, 음식조리 및 위생관리**

합격기준   **100점 만점에 60점 이상**

출제기준

1	음식 위생관리	개인 위생관리	위생관리기준, 식품위생에 관련된 질병
		식품 위생관리	미생물의 종류와 특성, 식품과 기생충병, 살균 및 소독의 종류와 방법, 식품의 위생적 취급기준, 식품첨가물과 유해물질
		작업장 위생관리	작업장 위생 위해요소, 식품안전관리인증기준(HACCP), 작업장 교차오염발생요소
		식중독 관리	세균성 및 바이러스성 식중독, 자연독 식중독, 화학적 식중독, 곰팡이 독소
		식품위생 관계 법규	식품위생법령 및 관계법규, 농수산물 원산지 표시에 관한 법령, 식품 등의 표시·광고에 관한 법령
		공중보건	공중보건의 개념, 환경위생 및 환경오염 관리, 역학 및 질병 관리, 산업보건관리
2	음식 안전관리	개인안전 관리	개인 안전사고 예방 및 사후 조치, 작업 안전관리
		장비·도구 안전작업	조리장비·도구 안전관리 지침
		작업환경 안전관리	작업장 환경관리, 작업장 안전관리, 화재예방 및 조치방법, 산업안전보건법 및 관련지침
3	음식 재료관리	식품재료의 성분	수분, 탄수화물, 지질, 단백질, 무기질, 비타민, 식품의 색, 식품의 갈변, 식품의 맛과 냄새, 식품의 물성, 식품의 유독성분
		효소	식품과 효소
		식품과 영양	영양소의 기능 및 영양소 섭취기준
4	음식 구매관리	시장조사 및 구매관리	시장 조사, 식품구매관리, 식품재고관리
		검수 관리	식재료의 품질 확인 및 선별, 조리기구 및 설비 특성과 품질 확인, 검수를 위한 설비 및 장비 활용 방법
		원가	원가의 의의 및 종류, 원가분석 및 계산
5	양식 기초 조리실무	조리 준비	조리의 정의 및 기본 조리조작, 기본조리법 및 대량 조리기술, 기본 칼 기술 습득, 조리기구의 종류와 용도, 식재료 계량방법, 조리장의 시설 및 설비 관리
		식품의 조리원리	농산물의 조리 및 가공·저장, 축산물의 조리 및 가공·저장, 수산물의 조리 및 가공·저장, 유지 및 유지 가공품, 냉동식품의 조리, 조미료와 향신료
		식생활 문화	서양 음식의 문화와 배경, 서양 음식의 분류, 서양 음식의 특징 및 용어
6	양식 스톡 조리	스톡 조리	스톡 재료 준비, 스톡 조리, 스톡 완성
7	양식 전채·샐러드 조리	전채·샐러드 조리	전채·샐러드 재료 준비, 전채·샐러드 조리, 전채·샐러드 요리 완성
8	양식 샌드위치 조리	샌드위치 조리	샌드위치 재료 준비, 샌드위치 조리, 샌드위치 완성
9	양식 조식 조리	조식 조리	달걀 요리 조리, 조찬용 빵류 조리, 시리얼류 조리
10	양식 수프 조리	수프 조리	수프 재료 준비, 수프 조리, 수프 요리 완성
11	양식 육류 조리	육류 조리	육류 재료 준비, 육류 조리, 육류 요리 완성
12	양식 파스타 조리	파스타 조리	파스타 재료 준비, 파스타 조리, 파스타 요리 완성
13	양식 소스 조리	소스 조리	소스 재료 준비, 소스 조리, 소스 완성

이 책의 구성

- 새롭게 바뀐 출제기준에 맞춰 중요 이론을 쏙쏙 뽑아 수록했다!
- 꼭 암기해야 하는 개념만 담았다!
- 저자 직강 동영상과 함께 학습하자!

동영상으로 보는 기출문제편

- 150만뷰의 유튜브 영상과 함께 학습하자!
- 양식조리기능사 기출문제 60문제와 한식조리기능사 기출문제 조리공통 50문제를 담았다!

모의고사편

- 기출문제를 분석하여 출제 빈도가 높은 유형의 문제를 모았다!
- CBT 시험과 유사하게 구성하여, 시험 직전 실력테스트를 할 수 있다!

정답 및 해설편

- 본 책의 모의고사 문제를 푼 후 정답과 해설을 확인하여 자신의 실력을 체크할 수 있다!

이 책의 활용법

STEP 1	기본 개념 다지기
	핵심 이론을 정독하여 꼭 암기해야 하는 개념을 정리한다.

STEP 2	동영상으로 문제풀이하기
	기출문제 1회분을 동영상과 함께 풀어보면서 문제풀이 방법을 익힌다.

STEP 3	기출문제로 실제 시험 유형 익히기
	지난 10년간의 기출문제를 정리한 모의고사를 반복해서 풀어본다.

STEP 4	오답체크하기
	문제를 풀어 본 후 정답과 해설을 확인한다.

 동영상 보는 법

휴대폰으로 카메라 또는 어플에서 QR코드를 인식하면 영상으로 바로가는 링크가 활성화됩니다.

차례

이론편

01 개인 위생관리

1 위생관리의 필요성
① 식중독 위생사고 예방
② 식품위생법 및 행정처분 강화
③ 식품의 가치가 상승함 (안전한 먹거리)
④ 점포의 이미지 개선 (청결한 이미지)
⑤ 고객만족 (매출 증진)
⑥ 대외적 브랜드 이미지 관리

2 개인 위생관리

(1) 식품영업에 종사하지 못하는 질병의 종류
① 소화기계 전염병 : 콜레라, 장티푸스, 파라티푸스, 세균성이질, 장출혈성대장균감염증, A형
간염 등
② 결핵 : 비전염성인 경우는 제외
③ 피부병 및 기타 화농성 질환
④ 후천성면역결핍증(AIDS)

(2) 손씻기
① 손씻기를 철저히 하기만 해도 질병의 60%정도 예방
② 손을 씻어야 하는 경우 : 조리하기 전, 화장실 이용 후, 신체의 일부를 만졌을 때, 식품 작업
외 다른 작업 및 물건을 취급했을 때
③ 식품종사자 손 소독의 가장 적합한 방법 : 비누로 세척 후 역성비누 사용

02 식품 위생관리

1 미생물의 종류와 특성

(1) 미생물의 종류
① 미생물의 종류

곰팡이	포자번식, 건조 상태에서 증식 가능, 미생물 중 가장 크기가 큼
효모	곰팡이와 세균의 중간 크기, 출아법 증식

스피로헤타	매독균, 회귀열
세균	2분법 증식, 수분을 좋아함
리케차	살아있는 세포 속에서만 증식, 발진열(Q열), 발진티푸스
바이러스	미생물 중 가장 크기가 작음

② 미생물의 크기 : 곰팡이 〉 효모 〉 스피로헤타 〉 세균 〉 리케차 〉 바이러스

(2) 미생물의 특성

① 미생물 증식의 3대 조건 : 영양소, 수분, 온도
② 수분 활성치(Aw) 순서 : 세균(0.90~0.95) 〉 효모(0.88) 〉 곰팡이(0.65~0.80)
③ 중온균 : 발육 최적 온도 25~37℃ (질병을 일으키는 병원균)

(3) 미생물에 의한 식품의 변질

① 변질의 종류

부패	단백질 식품이 혐기성 미생물에 의해 변질되는 현상
후란	단백질 식품이 호기성 미생물에 의해 변질되는 현상
변패	단백질 이외의 식품이 미생물에 의해서 변질되는 현상
산패	유지가 공기 중의 산소, 일광, 금속(Cu, Fe)에 의해 변질되는 현상
발효	탄수화물이 미생물의 작용을 받아 유기산, 알코올 등을 생성하게 되는 현상

② 식품의 부패 시 생성되는 물질 : 황화수소, 아민류, 암모니아, 인돌 등
③ 식품 1g당 10^7~10^8일 때 초기부패로 판정
④ 식품의 오염지표 검사 : 대장균 검사(분변오염지표균)

2 식품과 기생충병

채소를 통해 감염되는 기생충(중간숙주×)	회충, 요충(항문에 기생), 편충, 구충(십이지장충, 경피감염), 동양모양선충
육류를 통해 감염되는 기생충(중간숙주 1개)	무구조충(민촌충) : 소 유구조충(갈고리촌충) : 돼지 선모충 : 돼지 톡소플라스마 : 고양이, 쥐
어패류를 통해 감염되는 기생충(중간숙주 2개)	① 간디스토마(간흡충) : 왜우렁이 → 담수어(붕어, 잉어) ② 폐디스토마(폐흡충) : 다슬기 → 가재, 게 ③ 요꼬가와흡충(횡촌흡충) : 다슬기 → 담수어(은어) ④ 광절열두조충(긴촌충) : 물벼룩 → 담수어(송어, 연어) ⑤ 아니사키스충 : 갑각류 → 포유류(돌고래)

3 살균 및 소독의 종류와 방법

① 정의

방부	미생물의 생육을 억제 또는 정지시켜 부패를 방지
소독	병원 미생물의 병원성을 약화시키거나 죽여서 감염력을 없앰
살균	미생물을 사멸
멸균	비병원균, 병원균 등 모든 미생물과 아포까지 완전히 사멸

② 우유살균법

저온살균법	61~65℃에서 약 30분간 가열 살균 후 냉각
고온단시간살균법	70~75℃에서 15~30초 가열 살균 후 냉각
초고온순간살균법	130~140℃에서 1~2초 가열 살균 후 냉각

③ 가스저장법(CA저장법) : CO_2 농도를 높이거나 O_2의 농도를 낮추거나 N_2(질소가스)를 주입 하여 미생물의 발육을 억제시켜 저장하는 방법, 과일, 채소에 사용

④ 아포를 형성하는 균까지 사멸

고압증기 멸균법	고압증기멸균기를 이용하여 통조림, 거즈 등을 121℃에서 20분간 소독
간헐 멸균법	100℃의 유통증기를 20~30분간 1일 1회로 3번 반복하는 방법

⑤ 화학적 소독법

역성비누	• 손소독 사용
석탄산(3%)	• 소독약의 살균력 지표로 이용됨 • 변소, 하수도 등 오물소독에 사용
크레졸(3%)	• 변소, 하수도 등 오물소독에 사용
생석회	• 변소, 하수도 등 오물소독에 사용
승홍수(0.1%)	• 금속부식성이 있어 비금속기구 소독에 사용
염소, 차아염소산나트륨	• 야채, 식기, 과일, 음료수에 사용
에틸알코올(70%)	• 금속기구, 초자기구, 손 소독에 사용
과산화수소(3%)	• 자극성이 적어서 피부, 상처 소독에 사용

4 식품첨가물과 유해물질

(1) 식품첨가물의 사용목적
① 품질유지, 품질개량에 사용
② 영양 강화
③ 보존성 향상
④ 관능만족

(2) 식품첨가물의 종류
① 식품의 변질 및 부패를 방지하는 식품첨가물

보존료(방부제)	데히드로초산(치즈, 버터, 마가린, 된장), 안식향산(간장, 청량음료), 소르빈산(식육제품, 잼류, 어육연제품, 케찹), 프로피온산(빵, 생과자)
살균제(소독제)	차아염소산나트륨(음료수, 식기소독), 표백분(음료수, 식기소독)
산화방지제(항산화제)	비타민 E(DL−α−토코페롤), 비타민 C(L−아스코르빈산나트륨), BHA(부틸히드록시아니졸), BHT(부틸히드록시톨루엔), 몰식자산프로필

② 기호성 향상과 관능을 만족시키는 식품첨가물

조미료(맛난맛)	글루타민산 나트륨(다시마), 호박산(조개류), 이노신산(소고기)
감미료(단맛)	사카린 나트륨, D − 소르비톨, 아스파탐
발색제(색소고정)	육류 발색제 : 아질산나트륨, 질산나트륨, 질산칼륨 식물성 발색제 : 황산 제1,2철, 염화 제1,2철
착색료(색부여)	식용색소 녹색 제3호, 식용색소 황색 제2호
착향료(향부여)	멘톨, 바닐린, 계피알데히드
산미료(신맛)	초산, 구연산, 주석산, 푸말산, 젖산
표백제(변색방지)	과산화수소, 차아염소산나트륨, 아황산나트륨, 황산나트륨

③ 품질유지 및 개량을 위한 식품첨가물

유화제(계면활성제)	난황(레시틴), 대두 인지질(레시틴), 카제인나트륨
밀가루 개량제(소맥분 개량제)	과산화벤조일, 과황산암모늄, 브롬산칼륨, 이산화염소
호료(증점제, 안정제, 점착성 증가)	젤라틴, 한천, 알긴산나트륨, 카제인나트륨
피막제(수분증발 방지)	초산비닐수지, 몰포린지방산염
품질개량제(결착제)	인산염류

④ 식품 제조 가공 과정에서 필요한 것

소포제(거품소멸)	규소수지
추출제	n-hexane(헥산)
팽창제	이스트, 명반, 탄산수소나트륨, 탄산암모늄

⑤ 기타

이형제(빵틀 분리)	유동 파라핀
껌 기초제(껌 점탄성)	초산비닐수지, 에스테르껌, 폴리부텐, 폴리이소부틸렌

(3) 유해물질

① 중금속

카드뮴(Cd)	이타이이타이병(골연화증)
수은(Hg)	미나마타병(강력한 신장독, 전신경련)
납(Pb)	인쇄, 유약 바른 도자기, 구토, 복통, 설사, 소변에서 코프로포르피린 검출
주석(Sn)	통조림 내부 도장, 구토, 설사, 복통
크롬	금속, 화학공장 폐기물, 비중격천공, 비점막궤양
불소(F)	반상치, 골경화증, 체중감소

② 유해 첨가물

착색제	아우라민, 로다민B
감미료	둘신, 사이클라메이트
표백제	론갈리트(롱가릿), 형광표백제
보존료	붕산, 포름알데히드, 불소화합물, 승홍

③ 조리 및 가공에서 생기는 유해물질

메틸알코올(메탄올)	에탄올 발효 시 펙틴이 존재할 경우 생성, 두통, 구토, 설사, 심하면 실명
N-니트로사민	육가공품의 발색제 사용으로 인한 아질산염과 제2급 아민이 반응하여 생성되는 발암물질
다환방향족탄화수소	벤조피렌을 말하며 훈제육이나 태운 고기에서 다량 검출되는 발암 작용을 일으키는 유해물질
아크릴아마이드	전분 식품을 가열 시 아미노산과 당이 열에 의해 결합하는 메일라드 반응을 통해 생성되는 발암물질
헤테로고리아민	방향족 질소화합물로 육류의 단백질을 300℃ 이상 온도에서 가열할 때 생성되는 발암물질

03 작업장 위생관리

1 식품안전관리인증기준(HACCP)

(1) HACCP의 정의
식품의 원료, 제조, 가공 및 유통의 모든 과정에서 위해물질이 식품에 혼입되거나 오염되는 것을 사전에 방지하기 위하여 각 과정을 중점적으로 관리하는 기준

(2) HACCP 제도의 7단계 수행절차
① 식품의 위해요소 분석 → ② 중점관리점 결정 → ③ 중점관리점에 대한 한계기준 설정
→ ④ 중점관리점의 감시 및 측정방법의 설정 → ⑤ 위해 허용한도 이탈 시의 시정조치 설정
→ ⑥ 검증절차의 설정 → ⑦ 기록보관 및 문서화 절차 확립

04 식중독 관리

1 세균성 식중독

세균성 식중독			
감염형 식중독(병원체 증식)		독소형 식중독(독소 생산)	
살모넬라 식중독	감염원 : 쥐, 파리, 바퀴벌레, 닭 등 원인식품 : 육류, 어패류, 알류, 우유 등 증상 : 급성위장증상 및 발열 예방 : 방충, 방서, 가열	황색포도상구균 식중독	원인균 : 포도상구균 원인독소 : 엔테로톡신(장독소) 잠복기 : 평균 3시간(잠복기 가장 짧다) 원인식품 : 유가공품, 조리식품 증상 : 급성 위장염 예방 : 손이나 몸에 화농이 있는 사람 식품취급 금지
장염비브리오 식중독	감염원 : 어패류 원인식품 : 어패류 생식 증상 : 급성위장증상 예방 : 가열섭취, 여름철 생식금지		
병원성대장균 식중독	감염원 : 환자나 보균자의 분변 원인식품 : 우유 등 증상 : 급성 대장염(대표균 O:157) 예방 : 분변오염 방지	클로스트리디움 보툴리눔 식중독	원인균 : 보툴리눔균(A,B,E형이 원인균) 원인독소 : 뉴로톡신(신경독소) 잠복기 : 12~36시간(잠복기가 가장 길다) 원인식품 : 통조림 증상 : 신경마비증상(가장 높은 치사율) 예방 : 통조림 제조시 멸균을 철저히 하고 섭취 전 가열

2 자연독 식중독

복어	테트로도톡신
섭조개(홍합), 대합	삭시톡신
모시조개, 굴, 바지락, 고동	베네루핀
독버섯	무스카린, 뉴린, 콜린, 아마니타톡신(알광대버섯)
감자	솔라닌
독미나리	시큐톡신
청매, 살구씨, 복숭아씨	아미그달린
피마자	리신
면실류(목화씨)	고시폴
독보리(독맥)	테무린
미치광이풀	아트로핀

3 농약에 의한 식중독

유기인제	파라티온, 말라티온, 다이아지논 등(신경독) : 신경증상, 혈압상승, 근력감퇴
유기염소제	DDT, BHC(신경독) : 복통, 설사, 구토, 두통, 시력감퇴, 전신권태
비소화합물	비산칼슘 : 목구멍과 식도의 수축, 위통, 구토, 설사, 혈변, 소변량 감소

4 곰팡이 독소(마이코톡신)

황변미 중독(쌀)	• 페니실리움 속 푸른곰팡이에 의해 저장 중인 쌀에 번식 • 시트리닌(신장독), 시트레오비리딘(신경독), 아이슬란디톡신(간장독)
맥각 중독(보리, 호밀)	• 맥각균이 번식하여 독소 생성 • 에르고톡신(간장독)
아플라톡신 중독(곡류, 땅콩)	• 아스퍼질러스 플라버스 곰팡이가 번식하여 독소 생성

5 알레르기성 식중독

원인독소	히스타민
원인균	프로테우스 모르가니
원인식품	꽁치, 고등어 같은 붉은 살 어류 및 그 가공품
예방	항히스타민제 투여

6 노로바이러스 식중독

감염경로	경구감염, 접촉감염, 비말감염
증상	24~48시간 내에 구토, 설사, 복통이 발생하고 발병 2~3일 후 없어짐, 겨울에 발생빈도가 높음
예방대책	손 씻기, 식품을 충분히 가열
특징	백신 및 치료법 없음

05 식품위생 관계 법규

1 식품위생법의 목적

① 식품으로 인한 위생상의 위해 사고 방지
② 식품 영양의 질적 향상도모
③ 식품에 관한 올바른 정보 제공
④ 국민 보건의 보호·증진에 이바지함

2 식품위생법의 용어 정의

식품	모든 음식물(의약으로 섭취되는 것 제외)
식품첨가물	식품을 제조·가공·조리 또는 보존하는 과정에서 감미, 착색, 표백 또는 산화방지 등을 목적으로 식품에서 사용되는 물질
집단급식소	영리를 목적으로 하지 아니하면서 특정 다수인에게 계속하여 음식물을 공급하는 급식시설로서 1회 50인 이상에게 식사를 제공하는 급식소(기숙사, 학교, 유치원, 어린이집, 병원, 사회복지시설, 산업체, 공공기관, 그 밖의 후생기관 등)
표시	식품, 식품첨가물, 기구, 용기·포장, 건강기능식품, 축산물 및 이를 넣거나 싸는 것에 적는 문자·숫자 또는 도형
공유주방	식품의 제조·가공·조리·저장·소분·운반에 필요한 시설 또는 기계·기구 등을 여러 영업자가 함께 사용하거나 동일한 영업자가 여러 종류의 영업에 사용할 수 있는 시설 또는 기계·기구 등이 갖춰진 장소

3 식품 등의 공전

식품의약품안전처장은 식품 또는 식품첨가물의 기준과 규격, 기구 및 용기·포장의 기준과 규격 등을 실은 식품 등의 공전을 작성·보급하여야 한다.

4 식품위생감시원의 직무

① 식품 등의 위생적인 취급에 관한 기준의 이행 지도

② 수입·판매 또는 사용 등이 금지된 식품 등의 취급 여부에 관한 단속

③ 표시 또는 광고 기준의 위반 여부에 관한 단속

④ 출입·검사 및 검사에 필요한 식품 등의 수거

⑤ 시설기준의 적합 여부의 확인·검사

⑥ 영업자 및 종업원의 건강진단 및 위생교육의 이행 여부의 확인·지도

⑦ 조리사 및 영양사의 법령 준수사항 이행 여부의 확인·지도

⑧ 행정처분의 이행 여부 확인

⑨ 식품 등의 압류·폐기 등

⑩ 영업소의 폐쇄를 위한 간판 제거 등의 조치

⑪ 그 밖에 영업자의 법령이행 여부에 관한 확인·지도

5 식품접객업

휴게음식점영업	주로 다류, 아이스크림류 등을 조리·판매하거나 패스트푸드점, 분식점 형태의 영업 등 음식류를 조리·판매하는 영업으로서 음주행위가 허용되지 아니하는 영업
일반음식점영업	음식류를 조리·판매하는 영업으로서 식사와 함께 부수적으로 음주행위가 허용되는 영업
단란주점영업	주로 주류를 조리·판매하는 영업으로서 손님이 노래를 부르는 행위가 허용되는 영업
유흥주점영업	주로 주류를 조리·판매하는 영업으로서 유흥종사자를 두거나 유흥시설을 설치할 수 있고 손님이 노래를 부르거나 춤을 추는 행위가 허용되는 영업

6 영업허가를 받아야 하는 영업

식품조사처리업, 단란주점영업, 유흥주점영업

7 건강진단

영업자 및 그 종업원은 건강진단을 받아야 하며 매년 1회 실시

8 조리사를 두어야 하는 곳

복어를 조리·판매하는 영업을 하는 자, 집단급식소

06 공중보건

1 공중보건의 개념

① 공중보건의 목적 : 질병예방, 생명연장, 건강증진

② 공중보건의 대상 : 개인이 아닌 지역사회(시·군·구)가 최소단위

③ 건강의 정의(WHO의 정의) : 건강이란 단순한 질병이나 허약한 부재 상태만을 나타내는 것이 아니라 육체적·정신적·사회적으로 완전한 상태

④ 공중보건의 평가지표 : 영아사망률, 일반사망률, 비례사망지수, 질병이환률, 사인별 사망률, 모성사망률, 평균 수명 등

2 환경위생 및 환경오염 관리

(1) 일광

자외선	• 일광의 3분류 중 파장이 가장 짧음 • 살균력 : 2,500~2,800Å일 때 살균력이 가장 강해 소독에 이용 • 도르노선(Dorno선 : 생명선, 건강선) • 구루병 예방(비타민 D 형성) • 피부색소 침착, 심하면 결막염, 설안염, 백내장, 피부암 등 유발
가시광선	• 인간에게 색채와 명암 부여
적외선	• 파장이 가장 긺(7,800Å 이상) • 열선 • 일사병(열사병), 피부온도상승, 국소혈관의 확장작용, 백내장 등 유발

(2) 온열 환경

① 감각온도의 3요소 : 기온, 기습, 기류
② 온열조건인자 : 기온, 기습, 기류, 복사열

(3) 공기 및 대기오염

① 공기조성 : 질소(N_2) 78% 〉 산소(O_2) 21% 〉 아르곤(Ar) 0.9% 〉 이산화탄소(CO_2) 0.03% 〉 기타원소 0.07%
② 공기 오염도 요인

이산화탄소(CO_2)	• 실내공기 오염의 지표로 이용 • 위생학적 허용한계 : 0.1%(1,000ppm)
아황산가스(SO_2)	• 실외공기(대기오염) 지표 • 자동차 배기가스
일산화탄소(CO)	• 물체의 불완전 연소 시 발생(무색, 무미, 무취, 무자극, 맹독성) • 조직 내 산소결핍증 초래

③ 공기의 자정작용

희석작용	공기 자체의 희석작용(확산, 이동)
세정작용	강우, 강설 등에 의한 세정작용
산화작용	산소, 오존, 과산화수소 등에 의한 산화작용
살균작용	일광(자외선)에 의한 살균작용
탄소동화작용	식물에 의한 탄소동화작용(산소와 이산화탄소 교환 작용)

④ 군집독 : 다수인이 밀집한 곳의 실내공기는 화학적 조성이나 물리적 조성의 변화로 인해 두
  통, 불쾌감, 권태, 현기증, 구토 등의 생리적 이상을 일으키는 현상
⑤ 기온의 역전 현상 : 상부 기온이 하부 기온보다 높을 때(런던 스모그 등)

(4) 물

① 수인성 감염병

종류	장티푸스, 파라티푸스, 세균성 이질, 콜레라, 아메바성 이질 등
특징	• 환자 발생이 폭발적 • 오염원 제거로 일시에 종식될 수 있음 • 음료수 사용 지역과 유행 지역이 일치 • 치명률이 낮고 잠복기가 짧음 • 2차 감염환자의 발생이 거의 없음 • 계절에 관계없이 발생 • 성별, 나이, 생활수준, 직업에 관계없이 발생
증상	반상치, 우치, 청색아, 설사 등

② 물의 소독 : 염소소독법(수도)

(5) 상하수도

① 상수도 정수 과정 : 취수 → 침전 → 여과 → 소독 → 급수
② 하수 처리과정 : 예비처리 → 본처리 → 오니처리
③ 하수의 위생측정 : BOD, DO, COD

(6) 오물처리

매립법, 소각법, 비료화법

(7) 구충·구서

① 발생 원인 및 서식처를 제거(가장 근본 대책)
② 발생 초기에 실시
③ 구제 대상 동물의 생태, 습성에 맞추어 실시
④ 광범위하게 동시에 실시

(8) 소음

① 음의 크기 : phon
② 측정단위 : 데시벨(dB)

③ 역학 및 질병 관리

(1) 역학의 목적

① 질병의 예방을 위하여 질병 발생을 결정하는 요인 규명
② 질병의 측정과 유행 발생의 감시
③ 질병의 자연사 연구

④ 보건의료의 기획과 평가를 위한 자료 제공

⑤ 임상 연구에서의 활용

(2) 감염병 발생

① 감염병 발생의 3대 요인 : 감염원(병인), 감염경로(환경), 숙주의 감수성

② 감수성 지수(접촉감염지수) : 두창, 홍역(95%) 〉 백일해(60~80%) 〉 성홍열(40%) 〉 디프테리아(10%) 〉 폴리오(0.1%)

(3) 감염병의 생성과정

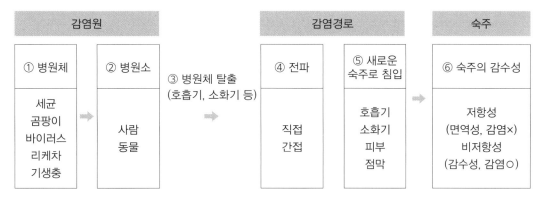

(4) 법정감염병(감염병의 예방 및 관리에 관한 법률, 2024. 9. 15)

제1급 감염병	에볼라바이러스병, 마버그열, 라싸열, 크리미안콩고출혈열, 남아메리카출혈열, 리프트밸리열, 두창, 페스트, 탄저, 보툴리눔독소증, 야토병, 신종감염병증후군, 중증급성호흡기증후군(SARS), 중동호흡기증후군(MERS), 동물인플루엔자 인체감염증, 신종인플루엔자, 디프테리아
제2급 감염병	결핵, 수두, 홍역, 콜레라, 장티푸스, 파라티푸스, 세균성이질, 장출혈성대장균감염증, A형간염, 백일해, 유행성이하선염, 풍진, 폴리오, 수막구균 감염증, b형헤모필루스인플루엔자, 폐렴구균감염증, 한센병, 성홍열, 반코마이신내성황색포도알균(VRSA) 감염증, 카바페넴내성장내세균목(CRE) 감염증, E형간염
제3급 감염병	파상풍, B형간염, 일본뇌염, C형간염, 말라리아, 레지오넬라증, 비브리오패혈증, 발진티푸스, 발진열, 쯔쯔가무시증, 렙토스피라증, 브루셀라증, 공수병, 신증후군출혈열, 후천성면역결핍증(AIDS), 크로이츠펠트-야콥병(CJD) 및 변종크로이츠펠트-야콥병(vCJD), 황열, 뎅기열, 큐열, 웨스트나일열, 라임병, 진드기매개뇌염, 유비저, 치쿤구니야열, 중증열성혈소판감소증후군(SFTS), 자카바이러스 감염증, 매독
제4급 감염병	인플루엔자, 회충증, 편충증, 요충증, 간흡충증, 폐흡충증, 장흡충증, 수족구병, 임질, 클라미디아감염증, 연성하감, 성기단순포진, 첨규콘딜롬, 반코마이신내성장알균(VRE) 감염증, 메티실린내성황색포도알균(MRSA) 감염증, 다제내성녹농균(MRPA) 감염증, 다제내성아시네토박터바우마니균(MRAB) 감염증, 장관감염증, 급성호흡기감염증, 해외유입기생충감염증, 엔테로바이러스감염증, 사람유두종바이러스 감염증

(5) 감염병의 분류

① 세균, 바이러스

구분	세균	바이러스
소화기계	콜레라, 장티푸스, 파라티푸스, 세균성 이질	소아마비(폴리오), 유행성 간염
호흡기계	디프테리아, 백일해, 나병(한센병), 결핵, 폐렴, 성홍열	인플루엔자, 홍역, 유행성 이하선염, 두창
피부점막	파상풍, 페스트	일본뇌염, 광견병(공수병), AIDS

② 리케차 : 발진티푸스, 발진열, 쯔쯔가무시증(양충병)

③ 직접신체접촉 : 매독, 임질, 성병

④ 개달물(의복, 침구, 서적, 완구 등) 감염으로 전파 : 트라코마

(6) 면역

① 면역의 종류

선천적 면역		• 체내에 자연적으로 형성된 면역 • 종속면역, 인종면역, 개인의 특이성
후천적 면역 : 전염병의 환후나 예방접종 등에 형성된 면역	능동 면역	• 자연 능동 면역 : 질병감염 후 획득한 면역 • 인공 능동 면역 : 예방접종(백신)으로 획득한 면역
	수동 면역	• 자연 수동 면역 : 모체로부터 얻는 면역(태반, 수유) • 인공 수동 면역 : 혈청 접종으로 얻는 면역

② 예방접종(인공면역)

구 분	연 령	종 류
기본접종	생후 4주 이내	BCG(결핵 예방접종)
	생후 2, 4, 6개월	경구용 소아마비, DPT
	15개월	홍역, 볼거리, 풍진
	3~15세	일본뇌염
추가 접종	18개월, 4~6세, 11~13세	경구용 소아마비, DPT
	매년	유행전 접종(독감)

TIP　**DPT**

D: 디프테리아, P: 백일해, T: 파상풍

(7) 인수공통감염병

결핵(세균)	소	**돈단독(세균)**	소, 돼지, 말
탄저병(세균)	소, 말, 양	**Q열(리케차)**	소, 양
파상열(세균)	소, 돼지, 염소 증상 : 사람(열병), 동물(유산)	**광견병(바이러스)**	개
야토병(세균)	토끼	**페스트(세균)**	쥐
조류인플루엔자 (바이러스)	닭, 칠면조, 야생조류	**렙토스피라증 (세균)**	쥐

4 산업보건관리

(1) 직업병

이상온도	고열 환경(이상고온) : 열중증(열경련증, 열쇠약증, 열사병) 저온 환경(이상저온) : 동상, 동창, 참호족염
이상기압	고압 환경(이상고기압) : 잠합병 저압 환경(이상저기압) : 고산병, 항공병, 이명현상
방사선	조혈기능장애, 피부점막 궤양과 암 형성, 생식기 장애, 백내장
조명불량	안구진탕증, 근시, 안정피로, 작업능률 저하
분진	진폐증(먼지), 규폐증(유리규산), 석면폐증(석면), 활석폐증(활석)
진동	레이노드병

01 개인안전 관리

1 개인 안전사고 예방 및 사후 조치

(1) 위험도 경감의 원칙

① 사고발생 예방과 피해 심각도의 억제

② 위험도 경감 전략의 핵심요소 : 위험요인 제거, 위험발생 경감, 사고피해 경감

③ 위험도 경감은 사람, 절차 및 장비의 3가지 시스템 구성요소를 고려하여 다양한 위험도 경감접근법 검토

(2) 재해

근로자가 물체나 사람과의 접촉으로 혹은 몸담고 있는 환경의 갖가지 물체나 작업조건에 작업자의 동작으로 말미암아 자신이나 타인에게 상해를 입히는 것, 구성요소의 연쇄반응현상

(3) 재해 발생의 원인

① 부적합한 지식

② 부적합한 태도의 습관

③ 불완전한 행동

④ 불완전한 기술

⑤ 위험한 환경

(4) 안전교육의 목적

① 상해, 사망 또는 재산 피해를 불러일으키는 불의의 사고를 예방하는 것

② 일상생활에서 개인 및 집단의 안전에 필요한 지식, 기능, 태도 등을 이해시킴

③ 안전한 생활을 영위할 수 있는 습관을 형성시키는 것

④ 개인과 집단의 안전성을 최고로 발달시키는 교육

⑤ 인간생명의 존엄성을 인식시키는 것

(5) 응급처치의 목적

① 다친 사람이나 급성 질환자에게 사고현장에서 즉시 취하는 조치로 119신고부터 부상이나 질병을 의학적 처치 없이도 회복될 수 있도록 도와주는 행위까지 포함

② 건강이 위독한 환자에게 전문적인 의료가 실시되기에 앞서 긴급히 실시되는 처치

③ 생명을 유지시키고 더 이상의 상태악화를 방지 또는 지연시키는 것

2 작업 안전관리

(1) 조리작업 시의 유해·위험 요인

① 베임, 절단

② 화상, 데임

③ 미끄러짐, 넘어짐

④ 전기감전, 누전

⑤ 유해화학물질 취급 등으로 인한 피부질환(피부 가려움, 부풀어오름 또는 붉어짐)

⑥ 화재발생 위험

⑦ 근골격계질환(요통, 손목·팔 저림)

02   장비·도구 안전작업

1 조리장비·도구 안전관리 지침

(1) 일상점검

주방관리자가 매일 조리기구 및 장비를 사용하기 전에 육안을 통해 주방 내에서 취급하는 기계·기구·전기·가스 등의 이상여부와 보호구의 관리실태 등을 점검하고 그 결과를 기록·유지하도록 하는 것

(2) 정기점검

조리작업에 사용되는 기계·기구·전기·가스 등의 설비기능 이상 여부와 보호구의 성능 유지 여부 등에 대하여 매년 1회 이상 정기적으로 점검을 실시하고 그 결과를 유지

(3) 긴급점검

① 손상점검 : 재해나 사고에 의해 비롯된 구조적 손상 등에 대하여 긴급히 시행하는 점검

② 특별점검 : 결함이 의심되는 경우나, 사용제한 중인 시설물의 사용 여부 등을 판단하기 위해 실시하는 점검

03   작업환경 안전관리

1 작업장 안전관리

(1) 작업장 내 안전사고 발생원인

① 고온, 다습한 환경조건 하에서 조리(환경적 요인)

② 주방시설의 노후화

③ 주방시설의 관리 미흡

④ 주방바닥의 미끄럼방지 설비 미흡

⑤ 주방종사원들의 재해방지 교육 부재로 인한 안전지식 결여

⑥ 주방시설과 기물의 올바르지 못한 사용

⑦ 가스 및 전기의 부주의 사용

⑧ 종사원들의 육체적·정신적 피로

2 화재예방 및 조치방법

(1) 화재원인

① 전기제품 누전으로 인한 전기화재

② 조리기구(가스레인지) 주변 가연물에 의한 화재

③ 가스레인지 주변 벽이나 환기구 후드에 있는 기름 찌꺼기 화재

④ 조리 중 자리이탈 등 부주의에 의한 화재

⑤ 식용유 사용 중 과열로 인한 화재

⑥ 기타 화기취급 부주의

(2) 화재예방

① 화재 위험성이 있는 화기나 설비 주변은 정기적으로 점검

② 지속적이고 정기적으로 화재예방에 대한 교육 실시

③ 지정된 위치에 소화기 유무 확인 및 소화기 사용법 교육 실시

④ 화재발생 위험 요소가 있을 수 있는 기계나 기기의 수리 및 점검

⑤ 전기의 사용지역에서는 접선이나 물의 접촉 금지

⑥ 뜨거운 오일이나 유지의 화염원 근처 방치 금지

(3) 화재 시 대처요령

① 화재 발생 시 경보를 울리거나 큰소리로 주위에 먼저 알린다.

② 신속히 원인 제거(예 : 가스 누출 시 밸브 잠그기)

③ 몸에 불이 붙었을 경우 제자리에서 바닥에 구른다.

④ 소화기나 소화전을 사용하여 불을 끈다(평소 소화기 사용방법 및 비치 장소를 숙지).

제3편 음식 재료관리

01 식품재료의 성분

1 수분

(1) 수분의 종류

유리수(자유수)	결합수
식품 중 유리상태로 존재하는 물(보통의 물)	식품 중 탄수화물, 단백질 분자의 일부를 형성하는 물
수용성 물질을 용해 시킴	물질을 녹일 수 없음
미생물의 생육에 이용	미생물 생육 불가
0℃ 이하에서 동결	0℃ 이하에서 동결되지 않음
건조 시 쉽게 분리	쉽게 건조되지 않음
4℃에서 비중이 가장 큼	유리수보다 밀도가 큼

(2) 수분의 기능
① 체내 영양소와 노폐물 운반
② 신체의 구성영양소
③ 체온조절
④ 윤활제 역할
⑤ 전해질의 평행유지
⑥ 용매작용

(3) 수분활성도(Aw)

$$식품의\ 수분활성도 = \frac{식품\ 속의\ 수증기압}{순수한\ 물의\ 수증기압}$$

2 탄수화물
① 단당류

5탄당	아라비노스, 리보스, 자일로스
6탄당	포도당, 과당, 갈락토오스, 만노오스

② 이당류

자당(설탕, 서당)	• 포도당 + 과당 • 사탕수수나 사탕무에 많이 함유
맥아당(엿당)	• 포도당 + 포도당 • 엿기름에 많음
젖당(유당)	• 포도당 + 갈락토오스 • 동물 유즙에 많이 존재

③ 다당류

전분(녹말)	• 포도당이 결합된 형태 • 아밀로오스와 아밀로펙틴으로 구성 • 찹쌀 : 아밀로펙틴으로만 구성
글리코겐	• 동물의 몸에 저장된 탄수화물 형태
섬유소	• 영양적 가치는 없으나 배변 촉진
펙틴	• 세포벽과 세포 사이 층에 존재 • 당과 산이 존재하는 조건하에서 겔(Gel)을 형성하여 잼, 젤리를 만드는 데 이용
한천(agar)	• 우뭇가사리 등 홍조류에 존재하는 점질물로 동결건조한 제품 • 빵, 양갱, 젤리, 우유 등의 안정제로 사용

④ 당질의 감미도 순서 : 과당 〉 전화당 〉 설탕 〉 포도당 〉 맥아당 〉 갈락토오스 〉 젖당

3 지질

① 지질의 분류

단순지질	• 지방산과 글리세롤의 에스테르 결합 • 중성지방(지방산+글리세롤), 왁스(지방산+고급알코올)
복합지질	• 단순지질에 인·당·단백질 등이 결합 • 인지질(단순지질+인), 당지질(단순지질+당), 단백지질(단순지질+단백질) 등
유도지질	• 단순지질과 복합지질이 가수분해될 때 생성되는 지용성 물질 • 지방산, 콜레스테롤, 에르고스테롤, 지용성 비타민류 등

② 지방산의 분류

포화지방산	• 탄소와 탄소 사이의 결합에 이중결합이 없는 지방산 • 융점이 높아 상온에서 고체상태 • 동물성 지방 식품에 함유
불포화지방산	• 탄소와 탄소 사이의 결합에 1개 이상의 이중결합이 있는 지방산 • 융점이 낮아 상온에서 액체상태 • 식물성 기름, 어류, 견과류에 함유

필수지방산	• 신체 성장과 정상적인 기능에 반드시 필요한 지방산으로 체내 합성이 불가능해서 반드시 식사로 섭취해야 하는 지방산 • 리놀레산, 리놀렌산, 아라키돈산

③ 지질의 기능적 성질

유화(에멀전화)	• 수중유적형(O/W) : 물 중에 기름이 분산되어 있는 것 예 우유, 생크림, 마요네즈, 아이스크림 • 유중수적형(W/O) : 기름 중에 물이 분산되어 있는 것 예 버터, 마가린
가수소화(경화)	• 액체상태의 기름에 수소(H_2)를 첨가하고 니켈(Ni)과 백금(Pt)을 넣어 고체형의 기름을 만든 것 예 마가린, 쇼트닝
가소성	• 외부 조건에 의해 유지의 상태가 변했다가 외부 조건을 복구해도 유지의 변형 상태는 유지되는 성질
요오드가	• 유지 100g 중에 불포화 결합에 첨가되는 요오드의 g 수 • 요오드가가 높다는 것은 불포화도가 높다는 의미

4 단백질

① 구성 원소 : 탄소(C), 수소(H), 산소(O), 질소(N)
② 단백질의 영양학적 분류

완전단백질	• 생명유지 및 성장에 필요한 필수아미노산이 충분히 들어 있는 단백질 • 달걀(오보알부민, 오보비텔린), 콩(글리시닌), 우유(카제인, 락트알부민), 육류(미오신)
부분적불완전 단백질	• 필수아미노산을 모두 함유하나 그 중 하나 또는 그 이상 아미노산 함량이 부족한 단백질 • 성장유지는 도움이 되지만 성장에는 도움이 되지 않는 단백질 • 보리(호르데인), 밀·호밀(글리아딘), 쌀(오리제닌)
불완전단백질	• 하나 또는 그 이상의 필수아미노산이 결여된 단백질 • 생명유지와 성장 모두에 도움이 되지 않는 단백질 • 옥수수(제인), 젤라틴

③ 필수아미노산 : 체내에서 합성하지 않아 반드시 음식으로 섭취해야 하는 아미노산
④ 성인이 필요한 필수아미노산(8가지) : 트립토판, 발린, 트레오닌, 이소루신, 루신, 리신, 페닐아라닌, 메티오닌
⑤ 성장기 어린이에게 필요한 필수아미노산 : 알기닌, 히스티딘

5 무기질

① 무기질 종류

칼슘(Ca)	흡수촉진(비타민 D), 흡수방해(수산), 골다공증
인(P)	골격과 치아를 구성, 칼슘과 인 섭취 비율(성인) = 1 : 1
마그네슘(Mg)	근육과 신경흥분 억제 작용, 근육떨림, 경련
나트륨(Na)	삼투압 조절, 산·염기 평형유지, 우리나라 과잉섭취
칼륨(K)	삼투압 조절, 식욕 감퇴
철분(Fe)	헤모글로빈(혈색소) 구성성분, 조혈작용, 철 결핍성 빈혈
코발트(Co)	비타민 B_{12} 구성요소, 악성빈혈
불소(F)	충치(우치), 과량 섭취 시(반상치)
요오드(I)	갑상선 호르몬(티록신) 구성, 갑상선종
구리(Cu)	녹색채소 색소고정에 관여, 저혈색소성 빈혈
아연(Zn)	상처회복, 면역기능

② 알칼리성 식품 : 과일, 야채, 해조류 등(Ca, Na, K, Mg, Fe, Cu, Mn(망간)을 많이 함유한 식품)
③ 산성 식품 : 곡류, 육류, 어류 등(P, S, Cl 등을 많이 함유한 식품)

6 비타민

① 지용성 비타민

비타민 A(레티놀)	눈의 작용, 카로틴 → 비타민 A로 전환, 야맹증, 안구건조증
비타민 D(칼시페롤)	자외선 쬐면 합성됨, 골격과 치아 발육 촉진, 구루병, 골다공증
비타민 E(토코페롤)	항산화제 역할, 노화촉진(인간), 불임증(동물)
비타민 K(필로퀴논)	혈액응고(지혈작용)
비타민 F(리놀레산)	성장과 영양에 필요, 피부건조증, 피부염

② 수용성 비타민

비타민 B_1(티아민)	탄수화물 대사 조효소, 각기병
비타민 B_2(리보플라빈)	구순염, 구각염, 설염
비타민 B_3(나이아신)	펠라그라
비타민 B_6(피리독신)	항피부염성 비타민, 피부염
비타민 B_9(엽산)	적혈구 등의 세포 생성에 도움, 빈혈

비타민 B$_{12}$(코발라민)	악성빈혈
비타민 C(아스코르브산)	물에 잘 녹음(조리 시 손실이 큼), 괴혈병, 면역력 감소

7 식품의 색

① 식물성 색소

<table>
<tr><td rowspan="1">클로로필</td><td colspan="2">• 녹색채소의 색깔
• 산성(식초물) : 녹황색(페오피틴)
• 알칼리(소다첨가) : 진한 녹색(클로로필린)</td></tr>
<tr><td rowspan="2">플로보노이드</td><td colspan="2">• 식물에 넓게 분포하는 황색계통의 수용성 색소
• 산성 : 흰색(연근, 우엉 식초물 삶으면 흰색 됨)
• 알칼리 : 진한 황색(밀가루 반죽 + 소다 → 빵의 색이 진한 황색 됨)</td></tr>
<tr><td>안토시안</td><td>• 꽃, 과일(사과, 딸기, 가지 등)의 적색, 자색의 색소
• 산성(식초물) : 적색
• 알칼리(소다첨가) : 청색</td></tr>
<tr><td>카로티노이드</td><td colspan="2">• 황색, 주황색, 적색의 색소(당근, 토마토, 고추, 감 등)
• 비타민 A 기능</td></tr>
</table>

② 동물성 색소

미오글로빈	동물의 근육색소
헤모글로빈	동물의 혈액색소(Fe 함유)
아스타산틴	새우, 게, 가재 등에 포함된 색소
멜라닌	오징어 먹물 색소

8 식품의 갈변

① 효소적 갈변

폴리페놀 옥시다아제	• 채소류나 과일류를 자르거나 껍질을 벗길 때의 갈변 • 홍차 갈변
티로시나아제	• 감자 갈변

② 비효소적 갈변

마이야르 반응 (아미노카르보닐, 멜라노이딘 반응)	아미노기와 카르보닐기가 공존할 때 일어나는 반응으로 멜라노이딘 생성 예 된장, 간장, 식빵, 케이크, 커피
캐러멜화 반응	당류를 고온(180~200℃)으로 가열했을 때 산화 및 분해 산물에 의한 중합, 축합 반응 예 간장, 소스, 합성 청주, 약식
아스코르브산의 반응	감귤류의 가공품인 오렌지주스나 농축산물에서 일어나는 갈색반응

9 식품의 맛과 냄새

① 식품의 맛

단맛	• 포도당, 과당 등의 단당류, 이당류(설탕, 맥아당) • 만니트 : 해조류
짠맛	• 염화나트륨(소금)
신맛	• 식초산, 구연산(감귤류, 살구 등), 주석산(포도)
쓴맛	• 카페인 : 커피, 초콜릿 • 테인 : 차류 • 호프 : 맥주
아린맛	• 쓴맛 + 떫은맛의 혼합 맛

② 맛의 여러 가지 현상

맛의 대비현상(강화현상)	• 서로 다른 2가지 맛이 작용해 주된 맛성분이 강해지는 현상
맛의 변조현상	• 한 가지 맛을 느낀 후 바로 다른 맛을 보면 원래의 식품 맛이 다르게 느껴지는 현상
맛의 상승현상	• 같은 맛 성분을 혼합하여 원래의 맛보다 더 강한 맛이 나게 되는 현상
맛의 상쇄현상	• 상반되는 맛이 서로 영향을 주어 각각의 맛을 느끼지 못하고 조화로운 맛을 느끼는 것(새콤 달콤)
맛의 억제현상	• 다른 맛이 혼합되어 주된 맛이 억제 또는 손실되는 현상
미맹현상	• 쓴맛 성분 PTC(Phenyl Thiocarbamide)를 느끼지 못하는 것 • 맛을 보는 감각에 장애가 있어 정상인이 느낄 수 있는 맛을 느끼지 못함
맛의 피로현상	• 같은 맛을 계속 섭취하면 미각이 둔해져 그 맛을 알 수 없게 되거나 다르게 느끼는 현상

10 식품의 특수성분

① 생선 비린내 성분 : 트리메틸아민
② 참기름 : 세사몰
③ 마늘 : 알리신
④ 고추 : 캡사이신
⑤ 겨자 : 시니그린
⑥ 후추 : 차비신, 피페린
⑦ 울금 : 커큐민
⑧ 생강 : 진저론
⑨ 맥주 : 호프(후물론)

⑩ 산초 : 산쇼올

⑪ 커피, 초콜릿 : 카페인

⑫ 홍어 : 암모니아

02 효소

1 효소 반응에 영향을 미치는 인자

온도, pH, 효소농도, 기질농도

2 소화작용

(1) 탄수화물 분해 효소

① 프티알린(아밀라아제) : 전분 → 맥아당

② 수크라아제 : 자당 → 포도당+과당

③ 말타아제 : 맥아당 → 포도당+포도당

④ 락타아제 : 젖당 → 포도당+갈락토오즈

(2) 단백질 분해 효소

① 펩신 : 단백질 → 펩톤

② 트립신 : 단백질, 펩톤 → 아미노산

(3) 지질 분해 효소

리파아제 : 지방 → 지방산+글리세롤

03 식품과 영양

1 영양소의 기능 및 영양소 섭취기준

(1) 기능에 따른 분류

열량영양소	탄수화물, 지방, 단백질
구성영양소	단백질, 무기질, 물
조절영양소	무기질, 비타민, 물

(2) 기초식품군

식품군	영양소	종류
곡류	탄수화물	쌀, 보리, 빵, 떡, 감자, 고구마
고기·생선·달걀·콩류	단백질	소고기, 돼지고기, 닭고기, 고등어, 오징어, 두부
채소류	무기질·비타민	배추, 무, 오이, 마늘, 김
과일류	무기질·비타민	사과, 배, 딸기, 수박
우유·유제품	칼슘	우유, 치즈, 아이스크림, 요구르트
유지·당류	지방	참기름, 콩기름, 마요네즈, 버터, 꿀

(3) 영양섭취기준

평균필요량	대상 집단을 구성하는 건강한 사람들의 절반에 해당하는 사람들에게 1일 필요량을 충족시키는 섭취수준
권장섭취량	대부분의 사람들에 대해 필요량을 충족시키는 섭취수준
충분섭취량	영양소 필요량에 대한 자료가 부족하여 권장섭취량을 설정할 수 없을 때 제시되는 섭취수준
상한섭취량	사람의 건강에 유해영향이 나타나지 않는 최대영양소의 섭취수준

(4) 기초대사에 영향을 주는 인자

① 체표면적이 클수록 소요열량이 크다.
② 남자가 여자보다 소요열량이 크다.
③ 근육질인 사람이 지방질인 사람보다 소요열량이 크다.
④ 기온이 낮으면 소요열량이 커진다.

제4편 음식 구매관리

01 시장조사 및 구매관리

1 시장조사

(1) 시장조사의 목적
① 구매예정가격의 결정
② 합리적인 구매계획의 수립
③ 신제품의 설계
④ 제품개량

(2) 시장조사의 내용
① 품목
② 품질
③ 수량
④ 가격
⑤ 시기
⑥ 구매거래처
⑦ 거래조건

(3) 시장조사의 원칙

비용 경제성의 원칙	최소의 비용으로 시장조사
조사 적시성의 원칙	시장조사는 구매업무를 수행하는 소정의 기간 내에 끝내야 함
조사 탄력성의 원칙	시장의 수급상황이나 가격변동에 탄력적으로 대응 조사
조사 계획성의 원칙	사전에 시장조사 계획을 철저히 세워 실시
조사 정확성의 원칙	세운 계획의 내용을 정확하게 조사

2 식품구매관리

① 식품구매 절차

> 필요성 인식 → 물품의 종류 및 수량 결정 → 물품 구매명세서 작성 → 공급업체 선정 및 계약 → 발주 → 납품 및 검수 → 대금지급 → 입고 → 구매기록 보관

② 공급업체 선정방법

경쟁입찰계약	수의계약
• 공급업자에게 견적서를 제출받고 품질이나 가격을 검토한 후 낙찰자를 정하여 계약을 체결하는 방법 • '공식적 구매방법' • 일반경쟁입찰, 지명경쟁입찰로 나뉨 • 쌀, 건어물 등 저장성이 높은 식품 구매 시 적합 • 공평하고 경제적	• 공급업자들을 경쟁을 시키지 않고 계약을 이행할 수 있는 특정업체와 계약을 체결하는 방법 • '비공식적 구매방법' • 복수견적, 단일견적으로 나뉨 • 채소류, 두부, 생선 등 저장성이 낮고 가격변동이 많은 식품 구매 시 적합 • 절차 간편, 경비와 인원 감소 가능

3 식품재고관리

(1) 재고자산 평가방법
① 선입선출법
② 후입선출법
③ 개별법
④ 단순평균법
⑤ 이동평균법
⑥ 당기소비량
⑦ 월중소비액

02 검수관리

1 검수 절차

납품 물품과 발주서, 납품서 대조 및 품질 검사 → 물품의 인수 또는 반품 → 인수물품의 입고 → 검수 기록 및 문서 정리

03 원가

1 원가의 3요소
① 재료비
② 노무비
③ 경비

2 원가계산의 원칙

진실성의 원칙	제품의 제조 등에 발생한 원가를 있는 그대로 계산하여 진실성 파악
발생기준의 원칙	모든 비용과 수익은 그 발생 시점을 기준으로 계산
계산경제성의 원칙	원가의 계산 시 경제성 고려
확실성의 원칙	원가의 계산 시 여러 방법이 있을 경우 가장 확실한 방법 선택
정상성의 원칙	정상적으로 발생한 원가만 계산
비교성의 원칙	원가계산은 다른 일정기간 또는 다른 부문의 원가와 비교
상호관리의 원칙	원가계산은 일반회계 · 각요소별 · 부문별 · 제품별 계산과 상호관리가 가능

3 원가의 구성

① 직접원가(기초원가) : 직접 재료비 + 직접 노무비 + 직접 경비
② 제조원가 : 직접 원가 + 제조 간접비
③ 총원가 : 판매 관리비 + 제조원가
④ 판매원가 : 총원가 + 이익

4 손익분기점

수입과 총비용이 일치하는 점(손실도 이익도 없음)

5 감가상각

시간이 지남에 따라 손상되어 감소하는 고정자산(토지, 건물 등)의 가치를 내용연수에 따라 일정한 비율로 할당하여 감소시켜 나가는 것을 의미, 이때 감소된 비용을 감가상각비라 함

01 조리 준비

1 조리의 정의 및 기본 조리조작

① 조리의 정의 : 식사계획에서부터 식품의 선택, 조리조작 및 식탁차림 등 준비에서부터 마칠 때까지의 전 과정
② 조리의 목적 : 영양성, 기호성, 안전성, 저장성
③ 조리의 방법

기계적 조리 조작	저울에 달기, 씻기, 썰기, 다지기, 담그기, 갈기, 치대기, 섞기, 내리기, 무치기, 담기
가열적 조리 조작	습열에 의한 조리, 건열에 의한 조리, 전자레인지에 의한 조리
화학적 조리 조작	알칼리 물질(연화·표백), 알콜(탈취·방부), 금속염(응고), 효소(분해), 조미 📖 빵, 술, 된장

2 식재료의 계량 방법

(1) 계량 단위

① 1컵 = 1Cup = 1C = 약 13큰술+1작은술 = 물 200ml = 물 200g
② 1큰술 = 1Table spoon = 1Ts = 3작은술 = 물 15ml = 물 15g
③ 1작은술 = 1tea spoon = 1ts = 물 5ml = 물 5g
④ 1온스(ounce, oz) = 30cc = 28.35g
⑤ 1파운드(pound, 1b) = 453.6g = 16온스
⑥ 1쿼터(quart) = 960ml = 32온스

(2) 계량 방법

가루상태의 식품 📖 밀가루, 설탕	덩어리가 없는 상태에서 누르지 말고 수북하게 담아 평평한 것으로 고르게 밀어 표면이 평면이 되도록 깎아서 계량
액체식품 📖 기름, 간장, 물, 식초	액체 계량컵이나 계량스푼에 가득 채워서 계량하거나 평평한 곳에 놓고 눈높이에서 보아 눈금과 액체의 표면 아랫부분을 눈과 같은 높이에 맞추어 읽음
고체식품 📖 마가린, 버터, 다짐육, 흑설탕	계량컵이나 계량스푼에 빈 공간이 없도록 가득 채워서 표면을 평면이 되도록 깎아서 계량
알갱이 상태의 식품 📖 쌀, 팥, 통후추, 깨	계량컵이나 계량스푼에 가득 담아 살짝 흔들어서 공간을 메운 뒤 표면을 평면이 되도록 깎아서 계량
농도가 큰 식품 📖 고추장, 된장	계량컵이나 계량스푼에 꾹꾹 눌러 담아 평평한 것으로 고르게 밀어 표면이 평면이 되도록 깎아서 계량

3 조리장의 시설 및 설비 관리

① 조리장의 3원칙 및 우선적 고려사항 : 위생 〉능률 〉경제
② 조리장의 설비 관리

바닥	내수성 자재 사용, 물매는 1/100 이상
벽, 창문	창의 면적은 바닥 면적의 20~30%, 방충 설비
작업대	높이는 신장의 약 52%(80~85cm), 너비는 55~60cm
조명	시설객석 30Lux(유흥음식점 10Lux), 단란주점 30Lux, 조리실 50Lux 이상
환기	경사각은 30도로 후드의 형태는 4방 개방형으로 하는 것이 가장 효율적

③ 작업대의 종류

ㄴ자형	동선이 짧은 좁은 조리장에 사용
ㄷ자형	면적이 같을 경우 가장 동선이 짧으며 넓은 조리장에 사용
일렬형	작업동선이 길어 비능률적이지만 조리장이 굽은 경우 사용
병렬형	180도 회전을 요하므로 피로가 빨리 옴
아일랜드형	동선이 단축되며 공간 활용이 자유롭고 환풍기와 후드 수 최소화 가능

02 식품의 조리원리

1 전분의 조리

(1) 전분의 구조
① 멥쌀의 구조 : 아밀로펙틴 80%, 아밀로오스 20%
② 찹쌀의 구조 : 아밀로펙틴 100%

(2) 호화, 노화, 호정화, 당화
① 전분의 호화와 노화

호화에 영향을 미치는 인자	• 가열온도가 높을수록 호화↑ • 전분 입자가 클수록 호화↑ • pH가 알칼리성일 때 호화↑ • 알칼리(NaOH) 첨가 시 호화↑ • 수침시간이 길수록 호화↑ • 가열 시 물의 양이 많을수록 호화↑ • 설탕, 지방, 산 첨가 시 호화↓
노화에 영향을 미치는 인자	• 아밀로오스의 함량이 많을 때 노화↑ • 수분함량이 30~60%일 때 노화↑ • 온도가 0~5℃일 때(냉장은 노화촉진, 냉동x) 노화↑ • 다량의 수소이온 노화↑

노화를 억제하는 방법	• 수분 함량을 15% 이하로 유지 • 환원제, 유화제 첨가 • 설탕 다량 첨가 • 0℃ 이하로 급속냉동(냉동법)시키거나 80℃ 이상으로 급속히 건조

② 전분의 호정화(덱스트린화) : 날 전분(β 전분)에 물을 가하지 않고 160~170℃로 가열했을 때 가용성 전분을 거쳐 덱스트린(호정)으로 분해되는 반응
　　예 누룽지, 토스트, 팝콘, 미숫가루, 뻥튀기

③ 전분의 당화 : 전분에 산이나 효소를 작용시키면 가수분해되어 단맛이 증가하는 과정
　　예 식혜, 조청, 물엿, 고추장

(3) 밀가루

① 밀가루의 종류와 용도

종류	글루텐 함량(%)	용도
강력분	13 이상	식빵, 마카로니, 파스타 등
중력분	10 이상 13 미만	국수류(면류), 만두피 등
박력분	10 미만	튀김옷, 케이크, 파이, 비스킷 등

② 글루텐 형성 도움 : 소금, 달걀, 우유
③ 글루텐 형성 방해 : 설탕, 지방

2 두류의 조리

① 글리시닌 : 콩 단백질인 글로불린에 가장 많이 함유하고 있는 성분
② 사포닌 : 대두와 팥 성분 중 거품을 내며 용혈작용을 하는 독성분
③ 날콩에는 안티트립신이 함유되어 있어 단백질의 체내 이용을 저해하여 소화를 방해
④ 두부의 제조 : 단백질(글리시닌)이 무기염류에 응고되는 성질을 이용하여 만든 음식
⑤ 두부응고제 : 염화칼슘($CaCl_2$), 황산칼슘($CaSO_4$), 황산마그네슘($MgSO_4$), 염화마그네슘($MgCl_2$)

3 채소류의 조리

① 녹색채소의 데치기

물의 양	재료의 5배
산(식초) 첨가	엽록소 → 페오피틴(녹황색)
소다(중조) 첨가	더욱 선명한 푸른색, 조직 연화, 비타민 C 파괴
소금 첨가	클로로필 → 클로로필린(설명한 푸른색)

② 흰색채소의 삶기 **예** 토란, 우엉, 죽순

쌀뜨물, 식초물	흰색 유지

③ 녹황색채소의 조리 **예** 당근

기름 첨가	지용성 비타민(비타민 A) 흡수 촉진

④ 수산(옥살산)이 많은 채소의 조리 **예** 시금치, 근대, 아욱

뚜껑을 열고 데침	수산 제거(수산, 체내에서 칼슘의 흡수를 방해하여 신장결석을 일으킴)

⑤ 당근에는 비타민 C를 파괴하는 효소인 아스코르비나아제가 있어 무, 오이 등과 같이 섭취할 경우 비타민 C의 파괴가 커짐

4 과일 가공품

① 잼 : 과일(사과, 포도, 딸기, 감귤 등)의 과육을 전부 이용하여 설탕(60~65%)을 넣고 점성이 띠게 농축
② 젤리 : 과일즙에 설탕(70%)을 넣고 가열 · 농축한 후 냉각
③ 마멀레이드 : 과일즙에 설탕, 과일의 껍질, 과육의 얇은 조각이 섞여 가열 · 농축
④ 프리저브 : 과일을 설탕시럽과 같이 가열하여 과일이 연하고 투명한 상태로 된 것
⑤ 스쿼시 : 과실 주스에 설탕을 섞은 농축 음료수

TIP **젤리화의 3효소**

- 펙틴(1~1.5%)
- 당분(60~65%)
- 유기산(0.3% pH 2.8~3.4)

5 육류의 조리

(1) 육류 색소 단백질
① 미오글로빈(육색소)
② 헤모글로빈(혈색소)

(2) 육류의 사후경직과 숙성

사후경직 (사후강직)	• 글리코겐으로부터 형성된 젖산이 축적되어 산성으로 변하면서 액틴(근단백질)과 미오신(근섬유)이 결합되면서 액토미오신이 생성되어 근육이 경직되는 현상 • 도살 후 글리코겐이 혐기적 상태에서 젖산을 생성하여 pH가 저하 • 보수성이 저하되고, 육즙이 많이 유출되어 고기는 질기고, 맛이 없으며 가열해도 연해지지 않음

숙성(자기소화)	• 사후경직이 완료되면 단백질의 분해효소 작용으로 서서히 경직이 풀리면서 자기소화가 일어나는 것 • 숙성이 되면 고기가 연해지고 맛이 좋아지며 소화가 잘됨 • 근육의 자기소화에 의해 가용성 질소화합물 증가

(3) 육류의 연육방법
① 고기를 섬유의 반대 방향으로 썰거나 두들겨서 칼집을 넣어줌
② 설탕이나 청주, 소금 첨가
③ 장시간 물에 넣어 가열
④ 단백질 분해효소가 있는 과일 첨가

(4) 단백질 분해효소에 의한 고기 연화법
① 파파야 : 파파인(Papain)
② 무화과 : 피신(Ficin)
③ 파인애플 : 브로멜린(Bromelin)
④ 배 : 프로테아제(Protease)
⑤ 키위 : 액티니딘(Actinidin)

6 젤라틴(Gelatin)
① 동물의 가죽이나 뼈에 다량 존재하는 불완전 단백질인 콜라겐(Collagen)의 가수분해로 생긴 물질
② 설탕의 첨가량이 많으면 젤 강도를 감소시켜 농도가 증가할수록 응고력 감소(설탕 첨가량은 20~25%가 적당)
③ 산을 첨가하면 응고가 방해되어 부드러움
④ 염류(소금)는 젤라틴의 응고 촉진하여 단단
⑤ 단백질 분해효소를 사용하면 응고력이 약해짐
⑥ 젤라틴의 농도가 높을수록 빠르게 응고
⑦ 용도 : 족편, 마시멜로, 젤리, 아이스크림 등

7 달걀의 조리
(1) 달걀의 특성
① 달걀의 응고성(농후제)
② 난백의 기포성
③ 난황의 유화성
④ 녹변현상(난황 주위 암녹색)

(2) 달걀의 신선도 판별법

외관법	달걀 껍질이 까칠까칠하며 광택이 없고 흔들었을 때 소리가 나지 않는 것	
투광법	난황이 중심에 위치하고 윤곽이 뚜렷하며 기실의 크기가 작은 것	
비중법	6%의 소금물에 담갔을 때 가라 앉는 것	
난황계수·난백계수 측정법	난황계수(난황의 높이÷지름)	• 0.25 이하 : 오래된 것 • 0.36 이상 : 신선한 것
	난백계수(난백의 높이÷지름)	• 0.1 이하 : 오래된 것 • 0.15 이상 : 신선한 것

8 우유의 조리

(1) 우유의 성분

단백질	카제인	• 칼슘과 인이 결합한 인단백질 • 우유 단백질의 약 80% • 산이나 효소(레닌)에 의해 응고 • 열에 의해 응고 × • 요구르트와 치즈 만들 때 활용
	유청단백질	• 카제인이 응고된 후에도 남아있는 단백질 • 우유 단백질의 약 20% • 열에 의해 응고 • 산과 효소(레닌)에 의해서는 응고 ×

(2) 우유 균질화

① 우유의 지방 입자의 크기를 미세하게 하여 유화상태를 유지하려는 과정
② 지방의 소화 용이
③ 지방구 크기를 균일하게 만듦
④ 큰 지방구의 크림층 형성 방지

9 어패류의 조리

(1) 어류의 특징

① 콜라겐과 엘라스틴의 함량이 적어 육류보다 연함
② 산란기 직전에 지방이 많고 살이 올라 가장 맛이 좋음
③ 해수어(바닷물고기)는 담수어보다 지방함량이 많고 맛도 좋음
④ 육류와 다르게 사후강직 후 동시에 자기소화와 부패가 일어남
⑤ 신선도가 저하되면 TMA가 증가하고 암모니아 생성

(2) 어류의 신선도 판정

관능검사	아가미	아가미가 선홍색이고 단단하며 꽉 닫혀있는 것, 신선도가 저하되면 점액질의 분비가 많아지고 부패취가 증가하여 점차 회색으로 변함
	눈	안구가 외부로 돌출하고 생선의 눈이 투명한 것, 신선도가 저하될수록 눈이 흐리고 각막은 눈 속으로 내려앉음
	복부	탄력성이 있는 것(신선한 생선일수록 복부의 탄력성이 좋음)
	표면	비늘이 밀착되어 있고 광택이 나며 점액이 별로 없는 것
	근육	탄력성이 있고 살이 뼈에 밀착되어 있는 것
	냄새	악취, 시큼한 냄새, 암모니아 등의 냄새가 나지 않는 것
생균수 검사		세균의 수가 $10^7 \sim 10^8$인 경우 초기부패
이화학적 검사		휘발성염기질소(VBN), 트리메틸아민(TMA), 히스타민의 함량이 낮을수록 신선

(3) 어패류의 조리방법

① 어육단백질 : 열, 산, 소금 등에 응고

② 생선구이

소금 첨가	생선살이 단단해짐(생선중량의 2~3% 사용)
풍미 ↑	지방 함량이 높은 생선 사용

③ 생선조림, 탕

생선은 나중에 넣기	• 물이나 양념장을 먼저 살짝 끓이다가 생선을 넣음 • 생선의 모양을 유지하고 맛 성분의 유출을 막기 위해 • 국물을 먼저 끓인 후 생선을 넣어야 단백질 응고작용으로 국물이 맑고 생선살이 풀어지지 않고 비린내가 덜남
뚜껑을 열고 끓임	• 처음 가열할 때 수 분간은 뚜껑을 열어 비린내를 휘발

④ 생선숙회 : 신선한 생선편을 끓는 물에 살짝 데치거나 끓는 물을 생선에 끼얹어 회로 이용

⑤ 조개류 : 낮은 온도에서 서서히 조리하여야 단백질의 급격한 응고로 인한 수축을 막음

⑥ 선도가 약간 저하된 생선은 조미를 비교적 강하게 하여 뚜껑을 열고 짧은 시간 내에 끓임

⑦ 생강은 생선이 거의 익은 후 넣음 : 열변성이 되지 않은 어육단백질이 생강의 탈취작용을 방해

10 해조류의 조리

(1) 해조류의 종류

녹조류	• 얕은 바다(20m이내)에 서식 • 클로로필(녹색)이 풍부, 소량의 카로티노이드 함유 예 파래, 매생이, 청각, 클로렐라
갈조류	• 좀 더 깊은 바다(20m이상~40m이내)에 서식 • 카로티노이드인 β−카로틴과 푸코잔틴이 풍부 예 미역, 다시마, 톳, 모자반
홍조류	• 깊은 바다(40m이상~50m이내)에 서식 • 피코에리스린(적색) 풍부, 소량의 카로티노이드 함유 예 김, 우뭇가사리

(2) 한천(우뭇가사리)

① 우뭇가사리 등의 홍조류를 삶아서 점액이 나오면 이것을 냉각·응고시킨 다음 잘라서 동결·건조 시킨 것

② 체내에서 소화되지 않아 영양가는 없으나 물을 흡착하여 팽창함으로써 정장작용 및 변비를 예방

③ 한천의 응고온도는 25~35℃, 용해온도는 80~100℃

④ 산, 우유 첨가 시 젤의 강도 감소

⑤ 설탕 첨가하면 투명감과 점성·탄력 증가하며, 설탕의 농도가 높으면 젤의 농도도 증가

⑥ 용도 : 양갱, 양장피

11 유지 및 유지 가공품

(1) 유지의 종류

식물성 지방	상온에서 액체, 대두유(콩기름), 옥수수유, 포도씨유, 참기름, 들기름, 유채기름 등
동물성 지방	상온계 우지(소기름), 라드(돼지기름), 어유(생선 기름) 등
가공유지	마가린, 쇼트닝 등

(2) 유지의 성질

유화	기름과 물이 혼합되는 것	
	수중유적형(O/W)	물속에 기름이 분산된 형태 예 우유, 마요네즈, 아이스크림, 크림스프 등
	유중수적형(W/O)	기름에 물이 분산된 형태 예 버터, 쇼트닝, 마가린 등
연화	밀가루 반죽에 유지를 첨가하여 지방층을 형성함으로써 전분과 글루텐이 결합하는 것을 방해하는 작용 예 페이스트리, 모약과 등	

가소성	외부에서 가해지는 힘에 의하여 자유롭게 변하는 성질 예 버터, 라드, 쇼트닝 등의 고체지방
발연점	유지를 가열할 때 표면에 푸른 연기가 나기 시작할 때의 온도

(3) 유지의 산패에 영향을 미치는 요인

① 온도가 높을수록 유지의 산패 촉진
② 광선 및 자외선은 유지의 산패 촉진
③ 금속(구리, 철, 납, 알루미늄 등)은 유지의 산패 촉진
④ 유지의 불포화도가 높을수록 산패 촉진
⑤ 수분이 많을수록 유지의 산패 촉진

12 냉동식품의 조리

① 냉동의 종류

급속 냉동	-40℃ 이하의 온도에서 바르게 동결
완만 냉동	-15~-5℃ 온도에서 서서히 동결

② 식육의 동결과 해동 시 조직 손상을 최소화 할 수 있는 방법 : 급속 동결, 완만 해동

13 조미료와 향신료

① 조미료

간장	• 콩으로 만든 고유의 발효 식품 • 염도 16~26% • 짠맛과 감칠맛을 주거나 색을 낼 때 사용 • 국간장(청장) : 국, 전골 • 진간장 : 찌개, 나물 무칠 때, 조림, 포, 육류
소금	• 음식의 맛을 내는 가장 기본적인 조미료
된장	• 콩으로 메주를 쑤어 띄운 다음, 소금물에 담가 숙성시킨 후 간장을 떠내고 남은 것으로 단백질의 좋은 급원
고추장	• 매운맛을 내는 복합 조미료
식초	• 곡물이나 과일을 발효시켜 만드는 것으로 음식에 신맛과 상쾌한 맛을 줌 • 음식에 청량감을 주고, 식용을 증가시켜 소화와 흡수를 도움 • 살균이나 방부의 효과
설탕	• 사탕수수나 사탕무로부터 당액을 분리하여 정제 • 결정화, 탈수성, 보존성

② 조미료의 침투속도를 고려한 조미료의 사용 순서 : 설탕 → 소금 → 식초 → 간장 → 된장 → 고추장

③ 향신료

고추	• 매운맛의 캡사이신은 소화 촉진제 역할 • 자극적이며 음식에 넣으면 감칠맛
마늘	• 매운맛(알리신)과 냄새는 황을 함유 • 고기 누린내나 생선 비린내를 없애는 데 사용하는 한국 음식의 필수 향신료
생강	• 특유의 향과 매운맛(진저롤)이 나는 뿌리 이용
후추	• 매운맛(차비신) • 고기 누린내나 생선 비린내를 없애는 데 사용
겨자	• 매운맛(시니그린) • 40~45℃에서 가장 강한 매운 맛

03 식생활 문화

1 서양음식의 특징

음식에 소스가 곁들여 맛과 영양을 보충함, 향신료 사용이 다양함, 오븐을 사용하는 건열 조리 방법 많이 이용, 상차림이 시간전개형, 음식에 따라 식기가 다양하며 개인 접시를 이용하여 위생적임, 재료의 분량과 배합이 과학적임

2 식사 유형별 메뉴 구성

아침식사 (breakfast)	• 미국식, 대륙식, 영국식, 비엔나식 등이 있음 • 과일, 주스, 시리얼, 계란요리, 빵류, 육류, 생선, 커피와 티 등으로 구성
점심식사 (lunch)	• 주로 샌드위치나 간단한 일품요리로 구성 • 생선요리, 육류요리, 샐러드 등
저녁식사 (supper/dinner)	• 질이 좋은 음식을 시간적인 여유를 가지고 즐길 수 있는 식사
뷔페 (buffet)	• 비교적 좁은 공간에서 많은 사람들이 모여서 식사할 때 • 일손이 적고 그릇이 적을 때, 식사 시간을 정확하게 지키기 힘들 때 이용
정찬 (formal dinner)	• 손님을 정식으로 초청해서 대접할 때 또는 행사가 있을 때 차리는 성찬 • 하루 중 가장 든든하게 먹는 식사 • 점심식사 때 차리는 것은 오찬, 저녁식사 때 차리는 것은 만찬 • 애피타이저, 콘소메나 수프, 생선요리, 앙뜨레, 육류요리, 샐러드, 후식, 데미타스 커피로 구성
티타임 (tea time)	• 오전 10시, 오후 3~5시 거실이나 식당, 정원 등에서 갖는 차 시간 • 계절에 따라 시원한 과일주스를 먹거나 따뜻한 커피, 홍차 등을 쿠키, 케이크, 샌드위치, 비스킷류 등과 곁들여 먹음

3 메뉴에 따른 각 음식의 특징과 대표적인 요리

애피타이저 (appetizer)	• 전채요리(첫 번째 코스) • 식욕 촉진 역할 • 시각적으로 아름답고 작은 크기
수프 (soup)	• 일종의 국물 요리 • 다양한 재료, 조리법을 사용하여 다채로운 맛과 향을 냄
생선(fish)으로 만든 음식	• 육류 요리보다 질감이 연하고 위의 부담을 줄임, 소화 용이 • 뫼니에르 요리, 연어구이, 왕새우 구이, 바닷가재 구이 등
앙뜨레 (entrée/main)	• 생선요리 뒤에 로스트(roast) 앞에 나가는 고기요리 → 중심이 되는 요리 • 소, 송아지, 양, 돼지, 가금류 등
샐러드 (salad)	• 채소나 과일에 여러 가지 재료를 혼합하여 만들어 드레싱을 얹어 내는 음식
디저트 (dessert)	• 어원은 불어의 '데세르비'라는 '치우다, 정돈하다'라는 의미(맨 마지막 코스) • 단맛과 풍미가 좋은 음식 • 푸딩, 아이스크림, 젤리, 바바루아 등

4 주문 형태에 따른 메뉴 구성

테이블도트 (Table d'hote)	• set menu, 정식 코스 요리 • 전체 코스의 가격이 미리 정해져 있어 가격 통제가 용이함
아라카트 (A La Carte)	• 여러 메뉴 중 개인의 취향에 맞게 메뉴 선택, 일품요리 • 각 품목마다 가격이 있어 가격 통제가 어려움

1 양식 스톡 조리

(1) 스톡의 필수 구성 요소

야채, 향신료, 뼈

(2) 스톡 관련 용어 정의

부케가르니	• 통후추, 월계수 잎, 셀러리 줄기, 정향, 파슬리 줄기, 마늘, 타임 등을 넣는 것
미르포아	• 스톡을 끓일 때 뼈와 함께 들어가는 야채 • 양파 50%, 당근 25%, 셀러리 25%의 비율
샤세데피스	• 부케가르니보다 좀 더 작은 조각의 향신료들을 소창에 싸서 사용하여 스톡의 향을 강화
쿠르부용	• 야채, 부케가르니, 식초나 와인 등의 산성 액체를 넣어 은근히 끓인 육수 • 야채나 해산물을 포칭하는 데 사용

2 양식 전채 · 샐러드 조리

(1) 전채 요리의 종류 및 특징

오르되브르	• 식전에 나오는 모든 요리(전채, 에피타이저)의 총칭
칵테일	• 해산물을 주재료로 산뜻한 과일을 곁들인 한입 크기의 전채 • 차갑게 제공
카나페	• 빵을 얇게 잘라 구워서 여러 가지 재료를 올린 요리(빵 대신 크래커 사용)
렐리시	• 채소를 예쁘게 다듬어 소스를 곁들이는 전채요리 • 재료 : 셀러리, 무, 올리브, 피클, 채소스틱 등

(2) 샐러드의 기본 구성

바탕(Base)	• 상추와 같은 샐러드 채소를 사용 • 그릇을 채워주는 역할, 사용된 본체와의 색 대비를 이루는 것
본체(Body)	• 주재료로 사용된 재료의 종류에 따라 샐러드의 종류가 결정
드레싱(Dressing)	• 맛을 증가시키고 가치를 돋보이게 함 • 소화 촉진, 곁들임의 역할
가니쉬(Garnish)	• 아름답게 보이고 맛을 증가시키는 역할을 함

(3) 드레싱의 종류

차가운 유화 소스	비네그레트	오일과 식초(3:1)를 주재료로 한 드레싱으로 빠르게 섞어 유화한 드레싱
	마요네즈	난황에 오일, 소금, 식초 등을 넣고 잘 섞은 차가운 드레싱
유제품 소스		샐러드 드레싱, 디핑 소스가 주로 사용
살사(Salsa)		익히지 않은 과일이나 야채에 향미를 가한 상큼한 드레싱
쿨리(Coulie)		퓌레 혹은 용액의 형태로 잘 졸여지고 많이 농축된 맛을 가진 음식
퓌레(Puree)		과일이나 채소가 블렌더나 프로세서에 의해 갈아진 형태

(4) 유화 드레싱의 분리 현상의 원인
① 달걀노른자가 기름을 흡수하기에 너무 빠르게 기름이 첨가될 때
② 소스의 농도가 너무 진할 때
③ 소스가 만들어지는 과정에서 너무 차거나 따뜻하게 되었을 때

(5) 유화 드레싱의 복원 방법
① 멸균 처리된 달걀 노른자를 거품이 일어날 정도로 저어준다.
② 분리된 마요네즈를 조금씩 부어가면서 다시 드레싱을 만들어준다.

3 양식 샌드위치 조리

(1) 샌드위치의 구성 요소
빵, 스프레드, 주재료로서의 속 재료, 부재료로서의 가니쉬

(2) 스프레드를 사용하는 이유
① 코팅제 : 속 재료의 수분이 빵을 눅눅하게 하는 것을 방지
② 접착성 : 속 재료, 가니쉬의 접착성을 높임
③ 맛의 향상 : 과일잼(단 맛), 타페나드(짠 맛, 고소한 맛), 마요네즈, 버터(고소한 맛)
④ 감촉 : 촉촉한 감촉을 위해 사용

(3) 샌드위치 스프레드의 종류
① 단순 스프레드(Simple spread) : 마요네즈, 잼, 버터, 머스터드, 크림치즈, 리코타 치즈, 발사믹 크림, 땅콩버터 자체로 이용되며 스프레드 재료 본래의 맛과 질감을 가진 샌드위치를 제공
② 복합 스프레드(Compound spread) : 두 가지 이상의 재료를 혼합하여 샌드위치에 특별한 맛을 제공

4 양식 조식 조리

(1) 달걀프라이의 종류

서니 사이드 업(Sunny side up)	한쪽 면만 익혀 노른자가 태양과 같은 요리
오버 이지(Over easy)	양쪽 면을 살짝 익힌 것으로 흰자는 익고, 노른자는 익지 않은 달걀요리
오버 미디엄(Over medium egg)	흰자는 익고 노른자는 반쯤 익은 달걀요리
오버 하드(Over hard egg)	달걀의 양쪽 면 모두 완전히 익힌 달걀요리

(2) 아침 식사용 빵의 종류

토스트 브레드	식빵을 0.7~1cm 두께로 썰어 구운 빵으로 버터, 잼을 발라 먹음
데니시 페이스트리	다량의 유지를 중간에 층층이 끼워 만든 페이스트리 반죽에 잼, 과일, 커스터드 등의 속 재료를 채워 구운 덴마크의 빵
크루아상	버터를 켜켜이 넣어 만든 페이스트리 반죽을 초승달 모양으로 만든 프랑스의 빵
베이글	밀가루, 이스트, 물, 소금으로 반죽해서 가운데 구멍이 뚫린 링 모양으로 만들어 발효시킨 후 끓는 물에 익힌 후 오븐에 한번 구운 빵
잉글리시 머핀	영국에서 먹는 납작한 빵으로 샌드위치에 많이 사용
프렌치 브레드	밀가루, 이스트, 물, 소금만으로 만든 프랑스의 주식인 빵으로 가늘고 길쭉한 몽둥이 모양으로 바삭바삭한 식감이 특징(바게트)
호밀빵	호밀을 주원료로 독일의 전통 빵

5 양식 수프 조리

① 수프의 구성요소 : 육수(Stock), 농후제, 곁들임(Garnish), 허브, 향신료
② 농후제의 종류 : 루(Roux), 버터, 뵈르 마니에(Beurre manie), 달걀노른자, 크림, 쌀 등

6 양식 육류 조리

(1) 육류의 마리네이드(Marinade)

① 고기를 조리하기 전에 간을 배이게 하거나 육류의 누린내를 제거하고 맛을 내게 하는 것
② 향미와 수분을 주어 맛이 좋아짐
③ 식용유, 올리브유, 레몬주스, 식초, 와인, 갈아진 과일, 향신료 등을 섞어 사용
④ 식초나 레몬주스는 연육작용을 하여 주로 질긴 고기에 많이 사용

(2) 육류 가열 시 주의사항

① 다 익혀먹는 고기의 경우 : 내부 온도가 68℃ 이상으로 높게 하고 온도를 조절하여 구움
② 육류를 구울 때는 먼저 팬을 가열하여 겉면을 익혀 색을 낸 후 익혀 육즙이 새어 나오는 것 방지
③ 고기의 익힘 정도 : 레어 → 미디엄 레어 → 미디엄 → 미디엄 웰던 → 웰던 순으로 5가지 단계

7 양식 파스타 조리

(1) 다양한 생면 파스타의 종류 및 특징

오레키에테	• '작은 귀' • 반죽을 원통형으로 만들어 자르고 엄지손가락으로 눌러 모양을 만들거나 날카롭지 않은 칼 같은 도구를 이용
탈리아텔레	• 적당한 길이와 넓적한 형태
탈리올리니	• 탈리아텔레보다 좁고 스파게티보다 두꺼움 • '자르다' 라는 의미
파르팔레	• 나비넥타이, 나비 모양
토르텔리니	• 소를 채운 파스타로 에밀리아−로마냐 지역에서 주로 먹음
라비올리	• 두 개의 면 사이에 치즈나 시금치, 고기, 채소 등으로 속을 채운 만두와 비슷한 형태임

8 양식 소스 조리

(1) 농후제의 종류 및 특징

루(Roux)	버터와 밀가루를 1:1 비율로 섞어 고소한 풍미가 나도록 볶은 것(가열o)
뵈르 마니에(Beurre manie)	녹은 버터에 동량의 밀가루를 넣어 섞은 것(가열x)
전분	찬물에 전분을 섞어 두었다가 육수가 끓으면 전분을 넣어 농도를 냄
달걀	달걀의 노른자를 이용하여 농도를 냄
버터	높은 온도로 가열하면 농후제의 역할을 하지 못하나 60℃ 정도의 따뜻한 소스에 넣어 농도를 조절하는 데 사용

(2) 루(Roux)의 종류

종류	특징	예
화이트 루(White roux)	흰색이 되도록 볶은 것	크림소스, 베사멜 소스
브론드 루(Blonde roux)	연갈색이 나도록 볶은 것	벨루테 소스
브라운 루(Brown roux)	갈색이 되도록 볶은 것	브라운 소스, 에스파뇰 소스, 데미글라스

(3) 5대 모체 소스

베사멜 소스	화이트 루(버터+밀가루)에 우유를 넣어 만든 화이트 소스(흰색)
벨루테 소스	화이트 루에 화이트 스톡(생선, 가금류)을 넣은 블론드색 소스(연갈색)
에스파뇰 소스	브라운 루에 브라운 스톡(육류)을 넣어 만든 브라운 소스(갈색)
홀랜다이즈 소스	정제버터와 노른자, 레몬주스 등을 이용하여 만든 황색 소스
토마토 소스	토마토를 이용하여 만든 소스로 파스타의 기본이 되는 적색 소스

동영상으로 보는
기출문제편

양식조리기능사 문제풀이
한식조리기능사 문제풀이(조리공통)

양식조리기능사 문제풀이

01 식품위생의 목적이 아닌 것은?

① 위생상의 위해방지

② 식품 영양의 질적 향상 도모

③ 국민보건의 증진

④ 식품산업의 발전

나쁜 걸 안 먹고 좋은 걸 먹었더니 몸이 건강해졌다

02 다음 중 건조식품, 곡류 등에 가장 잘 번식하는 미생물은?

① 효모

② 세균

③ 곰팡이

④ 바이러스

건조식품, 곡류 → 곰팡이

곰팡이 - 수분 싫어함 - 13% 이하 억제 - 미생물 중 크기가 가장 큼

★Aw : 곰팡이 < 효모 < 세균

바이러스 - 미생물 중 크기가 가장 작음

03 다음 기생충 중 주로 채소를 통해 감염되는 것으로만 짝지어진 것은?

① 회충, 민촌충

② 회충, 편충

③ 촌충, 광절열두조충

④ 십이지장충, 간흡충

채소를 통해 감염되는 기생충(중간숙주 x) → 두 글자

회충, 편충, 요충, 구충, 동양모양선충

요충 - 항문

구충(십이지장충) - 경피감염

회충 - 분변

04 간디스토마는 제2중간숙주인 민물고기 내에서 어떤 형태로 존재하다가 인체에 감염을 일으키는가?

① 피낭유충

② 레디아

③ 유모유충

④ 포자유충

05 공중보건에 대한 설명으로 틀린 것은?

① 목적은 질병예방, 수명연장, 정신적·신체적 효율의 증진이다.

② 공중보건의 최소단위는 지역사회이다.

③ 환경위생 향상, 감염병 관리 등이 포함된다.

④ 주요 사업대상은 개인의 질병치료이다.

치료 ✕

공중보건의 최소단위 : 지역사회(개인✕)

06 감각온도의 3요소에 속하지 않는 것은?

① 기온　　　　　② 기습

③ 기류　　　　　④ 기압

감각온도(체감온도)

아닌 건 거의 기압!

온열의 4요소 : 기온, 기습, 기류, 복사열

07 HACCP의 7가지 원칙에 해당하지 않는 것은?

① 위해요소분석

② 중요관리점(CCP) 결정

③ 개선조치방법 수립

④ 회수명령의 기준 설정

12절차 = 5단계(계획) + 7원칙(실행)

12절차의 처음 : 팀 구성

HA(위해요소)+CCP(중요관리점)

7원칙

1. 위해요소분석
2. 중요관리점 결정
3. CCP 한계
4. 모니터링

08 다음 중 세균성 식중독에 해당하는 것은?

① 감염형 식중독

② 자연독 식중독

③ 화학적 식중독

④ 곰팡이독 식중독

세균성 식중독(여름, 급성 위장염)

감염형 : 60℃, 30분 이상 가열시 예방

- ★★살모넬라 : 쥐, 파리, 바퀴–육류–방충, 방서–발열
- ★장염비브리오 : 여름철, 어패류 생식, 가열
- 병원성 대장균 : 분변, O–157

독소형

- 포도상구균 : 엔테로톡신, 장독소, 화농성, 열에 의해서 가장 파괴가 안 되는 것, 잠복기 가장 짧음(3시간)
- 클로스트리디움 보툴리눔 : 뉴로톡신, 신경독, 잠복기가 가장 김, 통조림, 병조림, 밀폐식품, 치사율이 높음

09 식사 후 식중독이 발생했다면 평균적으로 가장 빨리 식중독을 유발시킬 수 있는 원인균은?

① 살모넬라균

② 리스테리아

③ 포도상구균

④ 장구균

10 밀폐된 포장식품 중에서 식중독이 발생했다면 주로 어떤 균에 의해서인가?

① 살모넬라균

② 대장균

③ 아리조나균

④ 클로스트리디움 보툴리눔

11 은행, 살구씨 등의 함유된 물질로 청산 중독을 유발할 수 있는 것은?

① 리신

② 솔라닌

③ 아미그달린

④ 고시폴

청산배당체 → 아미그달린 : 은행, 살구씨, 덜 익은 매실

복테

첫날밤 색시는 섭섭했다

모시는 베로 만든다

독무대

독가시

피리

심청아

면고전

감자-솔라닌

부패한 감자-셉신

곰팡이 식중독

• 황변미 : 페니실리움속, 시트리닌, 신장독

• 맥각 : 에르고톡신, 간장독

• 아플라톡신 : 아스퍼질러스, 간장독

12 1960년 영국에서 10만 마리의 칠면조가 간장 장해를 일으켜 대량 폐사한 사고가 발생하여 원인을 조사한 결과 땅콩박에서 ASPERGILLUS FLAVUS가 번식하여 생성한 독소가 원인 물질로 밝혀진 곰팡이 독소 물질은?

① 오크라톡신   ② 에르고톡신

③ 아플라톡신   ④ 루브라톡신

13 다음 중 음료수 소독에 가장 적합한 것은?

① 생석회

② 알코올

③ 염소

④ 승홍

14 쥐에 의하여 옮겨지는 감염병은?

① 유행성 이하선염

② 페스트

③ 파상풍

④ 일본뇌염

15 카드뮴 만성중독의 주요 3대 증상이 아닌 것은?

① 빈혈

② 폐기종

③ 신장 기능 장애

④ 단백뇨

16 감염경로와 질병과의 연결이 틀린 것은?

① 공기감염 – 공수병

② 비말감염 – 인플루엔자

③ 우유감염 – 결핵

④ 음식물감염 – 폴리오

강의 노트

석탄산 : 소독지표

생석회

크레졸

– 하수도, 변소, 오물 소독 : 생일(생일, 크리스마스, 석가탄신일)

★승홍수 : 0.1%, 금속부식

역성비누 : 손소독

알코올 : 70%

• 쥐 : 페스트, 발진열, 유행성출혈열
• 파리 : 콜레라, 장티푸스, 파라티푸스, 세균성이질

카드뮴(Cd) : 이타이이타이병, 골연화증

공수병 = 광견병 : 바이러스, 경피감염

17 식품첨가물 중 보존료의 목적을 가장 잘 표현한 것은?

① 산도 조절

② 미생물에 의한 부패 방지

③ 산화에 의한 변패 방지

④ 가공과정에서 파괴되는 영양소 보충

보존료 = 방부제

18 햄 등 육제품의 붉은색을 유지하기 위해 사용하는 첨가물은?

① 스테비오사이드

② D-소르비톨

③ 아질산나트륨

④ 아우라민

발색제 : 고유색을 더 돋보이게 만듦

VS

착색제 : 원래 색을 다르게 만듦

★육류에 사용하는 발색제 : 아질산나트륨, 질산나트륨, 질산칼륨
감미료 : 스테비오사이드, D-소르비톨
유해 착색제 : 아우라민

19 잠복기가 하루에서 이틀 정도로 짧으며 쌀뜨물 같은 설사를 동반한 제2급감염병이며 검역감염병인 것은?

① 콜레라

② 파라티푸스

③ 장티푸스

④ 세균성이질

설사 – 콜레라

20 생균(live vaccine)을 사용하는 예방접종으로 면역이 되는 질병은?

① 파상풍

② 콜레라

③ 폴리오

④ 백일해

생균 예방접종 영구면역 : 폴리오, 결핵, 홍역, 유행성 이하선염, 광견병, 두창

21 식품 등을 제조·가공하는 영업자가 식품 등이 기준과 규격에 맞는지 자체적으로 검사하는 것을 일컫는 식품위생법상의 용어는?

① 제품검사
② 자가품질검사
③ 수거검사
④ 정밀검사

22 식품위생법상 명시된 영업의 종류에 포함되지 않는 것은?

① 식품조사처리업
② 식품접객업
③ 즉석판매제조·가공업
④ 먹는샘물제조업

23 식품위생법상 식품위생감시원의 직무가 아닌 것은?

① 영업소의 폐쇄를 위한 간판 제거 등의 조치
② 영업의 건전한 발전과 공동의 이익을 도모하는 조치
③ 영업자 및 종업원의 건강진단 및 위생교육의 이행 여부의 확인, 지도
④ 조리사 및 영양사의 법령 준수사항 이행 여부의 확인, 지도

식품위생감시원의 직무
확인, 지도, 수거
교육 ×

24 작업장에서 안전사고가 발생했을 때 가장 먼저 해야 하는 것은?

① 사고발생 관리자 보고
② 사고원인 물질 및 도구 회수
③ 역학조사
④ 모든 작업자 대피

25 다음 중 결합수의 특징이 아닌 것은?

① 용질에 대해 용매로 작용하지 않는다.

② 자유수보다 밀도가 크다.

③ 식품에서 미생물의 번식과 발아에 이용되지 못한다.

④ 대기 중에서 100℃로 가열하면 쉽게 수증기가 된다.

자유수 : 모두 ○
결합수 : 모두 ×

26 탄수화물의 분류 중 5탄당이 아닌 것은?

① 갈락토오스(galactose)

② 자일로오스(xylose)

③ 아라비노오스(arabinose)

④ 리보스(ribose)

단당류

• 5탄당 : 자일로오스, 아라비노오스, 리보스
• 6탄당 : 포도당, 과당, 갈락토오스 + 만노오스

27 다음 중 유도지질(derived lipids)은?

① 왁스

② 인지질

③ 지방산

④ 단백지질

유도지질 : 지방산, 콜레스테롤

28 식품의 단백질이 변성되었을 때 나타나는 현상이 아닌 것은?

① 소화효소의 작용을 받기 어려워진다.

② 용해도가 감소한다.

③ 점도가 증가한다.

④ 폴리펩티드 사슬이 풀어진다.

29 무기질만으로 짝지어진 것은?

① 지방, 나트륨, 비타민 A

② 칼슘, 인, 철

③ 지방산, 염소, 비타민 B

④ 아미노산, 요오드, 지방

30 카로틴은 동물 체내에서 어떤 비타민으로 변하는가?

① 비타민 D

② 비타민 B_1

③ 비타민 A

④ 비타민 C

31 아린맛은 어느 맛의 혼합인가?

① 신맛과 쓴맛

② 쓴맛과 단맛

③ 신맛과 떫은맛

④ 쓴맛과 떫은맛

아린맛 = 쓴맛 + 떫은맛
예) 토란, 우엉

32 시금치나물을 조리할 때 1인당 80g이 필요하다면, 식수 인원 1,500명에 적합한 시금치 발주량은?(단, 시금치 폐기율은 4%이다.)

① 100kg

② 110kg

③ 125kg

④ 132kg

발주량

$$= \frac{100}{가식부율} \times 정미중량 \times 인원수$$

$$= \frac{100}{100 - 폐기율} \times 정미중량 \times 인원수$$

CBT 화면에 계산기 띄워서 풀어보기!

33 다음 중 조리를 하는 목적으로 적합하지 않은 것은?

① 소화흡수율을 높여 영양효과를 증진

② 식품 자체의 부족한 영양성분을 보충

③ 풍미, 외관을 향상시켜 기호성을 증진

④ 세균 등의 위해요소로부터 안전성 확보

조리를 통해 식품이 가진 영양소를 극대화할 순 있지만 없는 걸 추가할 수는 없음!

34 조리기구와 그 용도의 연결이 바르지 않은 것은?

① 베지터블 필러(vegetable peeler) : 야채류 껍질을 벗길 때

② 커터(cutter) : 멜론이나 수박 등의 모양을 원형의 형태로 만들 때

③ 콜랜더(colander) : 다량의 식재료의 물기를 제거할 때나 거를 때

④ 초퍼(chopper) : 고기나 야채 등의 식재료를 갈 때

스쿱 : 멜론이나 수박 등의 모양을 원형의 형태로 만들 때

35 조리작업장의 위치선정 조건으로 적합하지 않은 것은?

① 보온을 위해 지하인 곳

② 통풍이 잘 되며 밝고 청결한 곳

③ 음식의 운반과 배선이 편리한 곳

④ 재료의 반입과 오물의 반출이 쉬운 곳

36 냄새나 증기를 배출시키기 위한 환기시설은?

① 트랩

② 트렌치

③ 후드

④ 컨베이어

37 조리방법에 대한 설명으로 옳은 것은?

① 채소를 잘게 썰어 끓이면 빨리 익으므로 수용성 영양소의 손실이 적어진다.

② 전자레인지는 자외선에 의해 음식이 조리된다.

③ 콩나물국의 색을 맑게 만들기 위해 소금으로 간을 한다.

④ 푸른색을 최대한 유지하기 위해 소량의 물에 채소를 넣고 데친다.

38 호화와 노화에 대한 설명으로 옳은 것은?

① 쌀과 보리는 물이 없어도 호화가 잘 된다.

② 떡의 노화는 냉장고보다 냉동고에서 더 잘 일어난다.

③ 호화된 전분을 80℃ 이상에서 급속히 건조하면 노화가 촉진된다.

④ 설탕의 첨가는 노화를 지연시킨다.

호화 : 물, 열
소금, 산이 있으면 호화가 잘 안 된다.

노화가 잘 되는 것
· 멥쌀 〉 찹쌀 : 아밀로오스의 함량
· 수분 30~60%
· 다량의 수소

노화가 억제되는 것
· 급속냉동
· 급속건조
· 설탕, 환원제, 유화제

39 대두의 성분 중 거품을 내며 용혈작용을 하는 것은?

① 사포닌

② 레닌

③ 아비딘

④ 청산배당체

사포닌 – 거품
레닌 – 우유
청산배당체 – 아미그달린

40 다음 중 일반적으로 꽃 부분을 주요 식용 부위로 하는 화채류는?

① 비트(beet)

② 파슬리(parsley)

③ 브로콜리(broccoli)

④ 아스파라거스(asparagus)

화채류 – 브로콜리, 컬리플라워, 아티초크

41 밀가루를 반죽할 때 연화(쇼트닝)작용의 효과를 얻기 위해 넣는 것은?

① 소금

② 지방

③ 달걀

④ 이스트

42 육류의 사후강직과 숙성에 대한 설명으로 틀린 것은?

① 사후강직은 근섬유가 액토미오신(actomyosin)을 형성하여 근육이 수축되는 상태이다.

② 도살 후 글리코겐이 호기적 상태에서 젖산을 생성하여 pH가 저하된다.

③ 사후강직 시기에는 보수성이 저하되고 육즙이 많이 유출된다.

④ 자가분해효소인 카텝신(cathepsin)에 의해 연해지고 맛이 좋아진다.

사후강직 - 액토미오신

43 붉은살 어류에 대한 일반적인 설명으로 맞는 것은?

① 흰살 어류에 비해 지질 함량이 적다.

② 흰살 어류에 비해 수분함량이 적다.

③ 해저 깊은 곳에 살면서 운동량이 적은 것이 특징이다.

④ 조기, 광어, 가자미 등이 해당된다.

붉은살
• 수온 ↑ – 얕은 곳에서 산다
• 지방 ↑
• 수분 ↓
• 꽁치, 고등어, 다랑어

흰살
• 수온 ↓ – 깊은 곳에서 산다
• 지방 ↓
• 수분 ↑
• 조기, 광어, 가자미

44 난백의 기포성에 대한 설명으로 틀린 것은?

① 난백에 올리브유를 소량 첨가하면 거품이 잘 생기고 윤기도 난다.

② 난백은 냉장온도보다 실내온도에 저장했을 때 점도가 낮고 표면장력이 작아져 거품이 잘 생긴다.

③ 신선한 달걀보다는 어느 정도 묵은 달걀이 수양난백이 많아 거품이 쉽게 형성된다.

④ 난백의 거품이 형성된 후 설탕을 서서히 소량씩 첨가하면 안전성 있는 거품이 형성된다.

난백 – 유지, 우유, 소금, 설탕을 첨가하면 거품이 잘 생기지 않는다.

45 달걀의 신선도 검사와 관계가 가장 적은 것은?

① 외관 검사

② 무게 측정

③ 난황계수 측정

④ 난백계수 측정

외관 – 투광, 비중(6% 소금물)

46 버터의 특성이 아닌 것은?

① 독특한 맛과 향기를 가져 음식에 풍미를 준다.

② 냄새를 빨리 흡수하므로 밀폐하여 저장하여야 한다.

③ 유중수적형이다.

④ 성분은 단백질이 80% 이상이다.

버터 – 지방이 80% 이상
• 유중수적형 – 단단한, 버터, 마가린
• 수중유적형 – 묽은, 마요네즈, 아이스크림

47 생선의 육질이 육류보다 연한 주 이유는?

① 콜라겐과 엘라스틴의 함량이 적으므로

② 미오신과 액틴의 함량이 많으므로

③ 포화지방산의 함량이 많으므로

④ 미오글로빈의 함량이 적으므로

그냥 외우자!

48 마멀레이드(marmalade)에 대하여 바르게 설명한 것은?

① 과일즙에 설탕을 넣고 가열·농축한 후 냉각시킨 것이다.

② 과일의 과육을 전부 이용하여 점성을 띠게 농축한 것이다.

③ 과일즙에 설탕, 과일의 껍질, 과육의 얇은 조각이 섞여 가열·농축된 것이다.

④ 과일을 설탕시럽과 같이 가열하여 과일이 연하고 투명한 상태로 된 것이다.

껍질 – 마멀레이드

49 어류를 가열조리할 때 일어나는 변화와 거리가 먼 것은?

① 결합조직 단백질인 콜라겐의 수축 및 용해

② 근육섬유 단백질의 응고수축

③ 열응착성 약화

④ 지방의 용출

50 소금의 종류 중 불순물이 가장 많이 함유되어 있고 가정에서 배추를 절이거나 젓갈을 담글 때 주로 사용하는 것은?

① 호렴

② 재제염

③ 식탁염

④ 정제염

호렴 = 천일염

51 스톡 조리 시 주의할 점으로 틀린 것은?

① 찬물을 재료가 충분히 잠길 정도까지 부은 후 끓인다.

② 스톡이 끓기 시작하면 불을 줄여 90℃가 유지되게 은근히 끓인다.

③ 표면 위로 떠오르는 불순물을 걷어 깨끗한 스톡을 만든다.

④ 스톡에 소금을 첨가하여 완성한다.

스톡 = 육수
스톡은 양념 안 함

52 전채 요리 완성 시 콩디망(condiments)으로 사용되는 재료가 아닌 것은?

① 비네그레트

② 토마토 페이스트

③ 마요네즈

④ 발사믹 소스

콩디망 = 전채요리의 양념

53 얇게 썬 빵에 재료를 넣고 위에 덮는 빵을 올리지 않고 오픈해 놓는 샌드위치의 종류를 바르게 짝지은 것은?

① 카나페, 또르티야

② 또르티야, 클럽 샌드위치

③ 클럽 샌드위치, 브루스케타

④ 브루스케타, 카나페

54 드레싱의 사용 목적으로 틀린 것은?

① 맛이 강한 샐러드를 더욱 부드럽게 해준다.

② 음식을 섭취할 때 입에서 즐기는 질감을 높일 수 있다.

③ 맛이 강한 샐러드에는 향과 풍미를 더 강하게 제공한다.

④ 차가운 온도의 드레싱으로 샐러드의 맛을 증가시킨다.

드레싱 – 신맛 : 식욕 촉진, 소화 촉진

55 다음 요리의 연결이 바르지 않은 것은?

① 스크램블 에그(scrambled egg) – 달걀을 휘저어 만든다.

② 오믈렛(omelet) – 럭비공 모양으로 만든다.

③ 에그 베네딕틴(egg benedictine) – 머핀에 햄과 포치드 에그, 홀렌다이즈 소스를 올려 만든다.

④ 달걀 프라이(fried egg) – 90℃의 물에 익혀서 만든다.

90℃의 물에 익혀서 만든다. – 수란, 포치드 에그

56 육류 플레이팅의 원칙으로 바른 것은?

① 전체적으로 화려하고 가니쉬를 많게 담아야 한다.

② 요리에 따라 200g을 접시에 일정하게 담아야 한다.

③ 음식과 접시는 무조건 따뜻하게 해서 담는다.

④ 고객이 먹기 편하게 플레이팅이 이루어져야 한다.

57 나비 모양으로 크림 소스, 토마토 소스와 잘 어울리고 부재료로 주로 닭고기와 시금치를 사용하는 생면 파스타는?

① 탈리올리니(tagliolini)

② 오레키에테(orecchiette)

③ 파르팔레(farfalle)

④ 라비올리(ravioli)

58 화이트 루(white roux)를 이용하여 만든 소스는?

① 베샤멜 소스

② 벨루테 소스

③ 브라운 소스

④ 에스파뇰 소스

59 기본 썰기 방법 중 한식의 편썰기 방법과 같은 것은?

① 브뤼누아즈(brunoise)

② 슬라이스(slice)

③ 찹(chop)

④ 올리베뜨(olivette)

60 조리 기계류와 그 용도의 연결이 바른 것은?

① 블렌더(blender) : 고기나 야채 등의 식재료를 갈 때 사용

② 그릴(grill) : 많은 채소나 육류 또는 큰 음식물을 다양한 두께로 썰 때 사용

③ 민서(mincer) : 고기나 야채를 으깰 때 사용

④ 토스터(toaster) : 여러 가지 음식물을 튀길 때 사용

 강의 노트

• 탈리올리니 – 자르다, 스파게티면보다 조금 두꺼움
• 오레키에테 – 작은 귀, 동그랗게 생김
• 파르팔레 – 나비 모양
• 라비올리 – 만두

루

• 소스를 만들 때 농도를 맞추는 역할
• 버터 : 밀가루 = 1:1
• 화이트 루 → 브론드 루 → 브라운 루
★5대 모체 소스 : 베샤멜 소스, 벨루테 소스, 에스파뇰 소스, 홀렌다이즈 소스, 토마토 소스

• 브뤼누아즈 – 아주 작은 정육면체
• 찹 – 다지기, 민스
• 올리베뜨 – 올리브모양 자르기
• 슬라이스 – 편썰기
• 줄리앙 – 채썰기

한식조리기능사 문제풀이(조리공통)

01 중온균 증식의 최적 온도는?

① 10~12℃

② 25~37℃

③ 55~60℃

④ 65~75℃

02 우유의 살균처리방법 중 다음과 같은 살균처리는?

> 71.1~75℃로 15~30초간 가열처리하는 방법

① 저온살균법

② 초저온살균법

③ 고온단시간살균법

④ 초고온살균법

03 기생충과 중간숙주와의 연결이 틀린 것은?

① 간흡충 – 쇠우렁이, 참붕어

② 요꼬가와흡충 – 다슬기, 은어

③ 폐흡충 – 다슬기, 게

④ 광절열두조충 – 돼지고기, 소고기

어패류(중간숙주 2개)
간   왜   어
요   다   어
폐   다   게
광   물   어
육류(중간숙주 1개)
무   쏘
톡소는 고양이

04 다음 중 아포를 형성하는 균까지 사멸하는 소독 방법은?

① 자비소독법

② 저온소독법

③ 고압증기멸균법

④ 희석법

05 통조림, 병조림과 같은 밀봉 식품의 부패가 원인이 되는 식중독과 가장 관계 깊은 것은?

① 살모넬라 식중독

② 클로스트리디움 보툴리눔 식중독

③ 포도상구균 식중독

④ 리스테리아균 식중독

06 통조림 식품의 통조림 관에서 유래될 수 있는 식중독 원인물질은?

① 카드뮴

② 주석

③ 페놀

④ 수은

07 다음 중 영업허가를 받아야 할 업종이 아닌 것은?

① 단란주점영업

② 유흥주점영업

③ 식품제조 · 가공업

④ 식품조사처리업

08 식품위생법상의 용어의 정의에 대한 설명 중 틀린 것은?

① 집단급식소라 함은 영리를 목적으로 하는 급식시설을 말한다.

② 식품이라 함은 의약으로 섭취하는 것을 제외한 모든 음식물을 말한다.

③ 식품첨가물이라 함은 식품을 제조하는 과정에서 감미 등을 목적으로 식품에 사용되는 물질을 말한다.

④ 용기 · 포장이라 함은 식품을 넣거나 싸는 것으로서 식품을 주고받을 때 함께 건네는 물품을 말한다.

강의 노트

통조림 – 클로스트리디움 보툴리눔
– 주석

영업신고 × – 도정업

영업신고 – 영업허가 제외 나머지 것들(휴게음식점업, 일반음식점업)

영업허가 – 단란주점영업, 유흥주점영업, 식품조사처리업

딱 세 개!

집단급식소 시험에 잘 나옴!

• 영리목적 ×

• 특정다수

• 1회 50인 ↑

09 다음 중 소분·판매할 수 있는 식품은?

① 벌꿀제품

② 어육제품

③ 과당

④ 레토르트 식품

10 아래는 식품위생법상 교육에 관한 내용이다. ( ) 안에 알맞은 것을 순서대로 나열하면?

> ( )은 식품위생 수준 및 자질의 향상을 위하여 필요한 경우 조리사와 영양사에게 교육을 받을 것을 명할 수 있다. 다만, 집단급식소에 종사하는 조리사와 영양사는 ( ) 마다 교육을 받아야 한다.

① 식품의약품안전처장, 1년

② 식품의약품안전처장, 2년

③ 보건복지부장관, 1년

④ 보건복지부장관, 2년

11 식품위생법규상 허위표시, 과대광고의 범위에 속하지 않는 것은?

① 질병의 치료에 효능이 있다는 내용의 표시·광고

② 제품의 성분과 다른 내용의 표시·광고

③ 공인된 제조방법에 대한 내용

④ 외국어의 사용 등으로 외국제품으로 혼동할 우려가 있는 표시·광고

12 곰팡이 중독증의 예방법으로 틀린 것은?

① 곡류 발효식품을 많이 섭취한다.

② 농수축산물의 수입 시 검역을 철저히 행한다.

③ 식품 가공 시 곰팡이가 피지 않은 원료를 사용한다.

④ 음식품은 습기가 차지 않고 서늘한 곳에 밀봉해서 보관한다.

13 다음 중 화학적 식중독의 원인이 아닌 것은?

① 설사성 패류 중독

② 환경오염에 기인하는 식품 유독 성분

③ 중금속에 의한 중독

④ 유해성 식품첨가물에 의한 중독

강의 노트

화학적 식중독 – 유해물질, 중금속, 농약

설사성 패류 중독 – 장염, 비브리오

14 덜 익은 매실, 살구씨, 복숭아씨 등에 들어있으며, 인체의 장 내에서 청산을 생산하는 것은?

① 솔라닌

② 고시폴

③ 시큐톡신

④ 아미그달린

자연독 식중독 매번 시험에 나옴!

복   테

첫날밤 색시는 섭섭했다

모시는 베로 만든다

독   무대

독가 시

피   리

연   고전

심청   아

15 바이러스의 감염에 의하여 일어나는 감염병은?

① 폴리오

② 세균성 이질

③ 장티푸스

④ 파라티푸스

세균 : 콜레라, 장티푸스, 파라티푸스, 세균성 이질

바이러스 : 폴리오, 유행성이하선염, 홍역, 인플루엔자, 일본뇌염, 광견병 (공수병)

16 병원체를 보유하였으나 임상증상은 없으면서 병원체를 배출하는 자는?

① 환자

② 보균자

③ 무증상감염자

④ 불현성감염자

17 다음 중 잠복기가 가장 긴 감염병은?

① 한센병

② 파라티푸스

③ 콜레라

④ 디프테리아

잠복기가 가장 길다
한센병 or 결핵

18 인수공통감염병으로 그 병원체가 바이러스(virus)인 것은?

① 발진열

② 탄저

③ 광견병

④ 결핵

탄저, 결핵 : 세균, 소
발진열 : 리케차, 쥐
광견병 : 바이러스, 경피감염

19 모체로부터 태반이나 수유를 통해 얻어지는 면역은?

① 자연능동면역

② 인공능동면역

③ 자연수동면역

④ 인공수동면역

인공-자연 : 주사를 맞냐 안맞냐
이 두 개가 중요!
자연수동면역 : 수유
인공능동면역 : 예방접종

20 개인 위생관리에 대한 설명으로 바르지 않은 것은?

① 진한 화장이나 향수는 쓰지 않는다.

② 조리시간의 정확한 확인을 위해 손목시계 착용은 가능하다.

③ 손에 상처가 있으면 밴드를 붙인다.

④ 근무 중에는 반드시 위생모를 착용한다.

몸에 무언가 부착되어 있는 게 아무것도 없는 거 → 개인 위생관리

21 다음의 정의에 해당하는 것은?

> 식품의 원료관리, 제조·조리·유통의 모든 과정에서 위해한 물질이 식품에 섞이거나 식품이 오염되는 것을 방지하기 위하여 각 과정을 중점적으로 관리하는 기준

① 식품안전관리인증기준(HACCP)

② 식품 Recall 제도

③ 식품 CODEX 기준

④ ISO 인증제도

이것도 문제는 똑같이 나옴!

22 미생물에 대한 살균력이 가장 큰 것은?

① 적외선

② 가시광선

③ 자외선

④ 라디오파

일광
- 자외선 - 살균, 건강선, 피부암 ★
  ★★ 제일 잘 나와!
- 가시광선
- 적외선 - 열선 ★

23 다음 중 대기오염을 일으키는 요인으로 가장 영향력이 큰 것은?

① 고기압일 때

② 저기압일 때

③ 바람이 불 때

④ 기온역전일 때

상부 〉 하부
스모그

24 안전교육의 목적으로 바르지 않은 것은?

① 인간생명의 존엄성을 인식시키는 것

② 안전한 생활을 영위할 수 있는 습관을 형성시키는 것

③ 상해, 사망 또는 재산 피해를 불러일으키는 불의의 사고를 완전히 제거하는 것

④ 개인과 집단의 안전성을 최고로 발달시키는 교육

완전히, 반드시, 모두 → 오답 확률 ↑

25 자유수의 성질에 대한 설명으로 틀린 것은?

① 수용성 물질의 용매로 사용된다.

② 미생물 번식과 성장에 이용되지 못한다.

③ 비중은 4℃에서 최고이다.

④ 건조로 쉽게 제거 가능하다.

자유수 : 모두 ○
결합수 : 모두 ×

26 탄수화물의 구성요소가 아닌 것은?

① 탄소

② 질소

③ 산소

④ 수소

C H O → 탄수화물
C H O N → 단백질

27 근육의 주성분이자 육류, 생선류, 알류 및 콩류에 함유된 주된 영양소는?

① 단백질

② 탄수화물

③ 지방

④ 비타민

단백질 – 육류, 생선류, 알류, 콩류
탄수화물 – 곡류
지방 – 유지
비타민 – 채소

28 다음 중 어떤 무기질이 결핍되면 갑상선종이 발생될 수 있는가?

① 칼슘(Ca)

② 요오드(I)

③ 인(P)

④ 마그네슘(Mg)

갑상선 → 요오드

29 알칼리성 식품에 대한 설명 중 옳은 것은?

① Na, K, Ca, Mg이 많이 함유되어 있는 식품

② S, P, Cl이 많이 함유되어 있는 식품

③ 당질, 지질, 단백질 등이 많이 함유되어 있는 식품

④ 곡류, 육류, 치즈 등의 식품

30 탄수화물 대사 조효소로 작용하는 것은?

① 비타민 B_1(티아민)

② 비타민 A(레티놀)

③ 비타민 D(칼시페롤)

④ 비타민 C(아스코르브산)

31 클로로필에 대한 설명으로 틀린 것은?

① 산을 가해주면 페오피틴이 생긴다.

② 클로로필라이즈가 작용하면 클로필라이드가 된다.

③ 수용성 색소이다.

④ 엽록체 안에 들어있다.

32 다음 자료에 의해서 총원가를 산출하면 얼마인가?

• 직접재료비	150,000원
• 간접재료비	50,000원
• 직접노무비	100,000원
• 간접노무비	20,000원
• 직접경비	5,000원
• 간접경비	100,000원
• 판매 및 일반관리비	10,000원

① 435,000원   ② 365,000원

③ 265,000원   ④ 180,000원

강의 노트

• 알칼리 : 과일, 채소

• 산성 : 육류, 알류, 곡류

CSI P → Cl, S, P

외울 것이 적은 산성을 외워서 나머지는 알칼리라고 생각하자!

• 비타민 B_1 : 탄수화물 대사 조효소, 쌀을 씻을 때 가장 많이 파괴, 각기병
• 비타민 A : 야맹증, 눈, 카로틴
• 비타민 D : 햇빛, 구루병, 자외선
• 비타민 C : 괴혈병, 항산화제, 조리 시 가장 많이 파괴

클로로필 = 엽록소 → 물에 녹지 않는다!
• 산성 : 페오피틴, 녹황색
• 중성 : 녹색
• 알칼리성 : 클로로필린, 진한 녹색, 소다 첨가, 비타민 C 파괴, 조직 연화

총원가 자주 출제!
• 원가의 3요소 : 재료비, 노무비, 경비
• 총원가 = 직접원가 + 간접원가(제조간접비) + 판매관리비
  = (직접재료비+직접노무비+직접경비) + (간접재료비+간접노무비+간접경비) + 판매관리비
• 제조원가 = 직접원가 + 간접원가

잘 모르겠으면 몽땅 다 더하자!

33 식품을 구매하는 방법 중 경쟁입찰과 비교하여 수의계약의 장점이 아닌 것은?

① 절차가 간편하다.

② 경쟁이나 입찰이 필요 없다.

③ 싼 가격으로 구매할 수 있다.

④ 경비와 인원을 줄일 수 있다.

강의 노트

• 수의계약 – 1:1 계약, 상하기 쉬운 것(채소, 과일)
• 경쟁입찰 – 1:多 경쟁, 보관기간이 긴 것(곡류)

34 다음은 간장의 재고 대상이다. 간장의 재고가 10병일 때 선입선출법에 의한 간장의 재고자산은 얼마인가?

입고일자	수량	단가
5일	5병	3,500원
12일	10병	3,500원
20일	7병	3,000원
27일	5병	3,500원

① 30,000원

② 31,500원

③ 32,500원

④ 35,000원

선입선출법 – 먼저 들어온 걸 먼저 쓰는 것

반드시 맞아야 하는 문제!

35 매월 고정적으로 포함해야 하는 경비는?

① 지급운임

② 감가상각비

③ 복리후생비

④ 수당

고정적 → 고정비

고정비는 무조건 감가상각비!

고정비 : 임대료, 급료, 감가상각비, 보험료 등

36 전자레인지를 이용한 조리에 대한 설명으로 틀린 것은?

① 음식의 크기와 개수에 따라 조리시간이 결정된다.

② 조리시간이 짧아 갈변현상이 거의 일어나지 않는다.

③ 법랑제, 금속제 용기 등을 사용할 수 있다.

④ 열전달이 신속하므로 조리시간이 단축된다.

37 쌀 전분을 빨리 α화 하려고 할 때 조치사항은?

① 아밀로펙틴 함량이 많은 전분을 사용한다.

② 수침시간을 짧게 한다.

③ 가열온도를 높인다.

④ 산성의 물을 사용한다.

α화 = 호화
물, 열이 무조건 필요함

38 서류에 대한 설명으로 알맞은 것은?

① 감자는 껍질에 영양가가 없어 벗겨서 사용한다.

② 고구마는 가열하면 β-amylase가 활성화되어 단맛이 감소한다.

③ 토란은 아린 맛이 있어 물에 담가 제거 후 사용한다.

④ 모든 서류는 반드시 익혀 먹어야 한다.

• 감자의 껍질에는 비타민 C 풍부
• 고구마는 가열하면 단맛 증가
• 마는 생식으로 먹을 수도 있음

39 대표적인 콩 단백질인 글로불린(globulin)이 가장 많이 함유하고 있는 성분은?

① 글리시닌(glicinin)

② 알부민(albumin)

③ 글루텐(gluten)

④ 제인(zein)

잘 나오는 문제!
글리시닌 – 콩 단백질

40 채소의 조리가공 중 비타민 C의 손실에 대한 설명으로 옳은 것은?

① 시금치를 데치는 시간이 길수록 비타민 C의 손실이 적다.

② 당근을 데칠 때 크기를 작게 할수록 비타민 C의 손실이 적다.

③ 무채를 곱게 썰어 공기 중에 장시간 방치하여도 비타민 C의 손실에는 영향이 없다.

④ 동결처리한 시금치는 낮은 온도에 저장할수록 비타민 C의 손실이 적다.

41 생선의 비린내를 억제하는 방법으로 부적합한 것은?

① 물로 깨끗이 씻어 수용성 냄새 성분을 제거한다.

② 처음부터 뚜껑을 닫고 끓여 생선을 완전히 응고시킨다.

③ 조리 전에 우유에 담가 둔다.

④ 생선 단백질이 응고된 후 생강을 넣는다.

강의 노트

- 트리메틸아민 – 비린내 성분, 수용성, 휘발성
- 우유 – 비린내 성분 흡착
- 레몬즙, 식초 첨가
- 향신료 넣기
- 생강은 요리할 때 마지막에 넣는다 ★

42 유지의 산패에 영향을 미치는 인자와 거리가 먼 것은?

① 온도

② 광선

③ 수분

④ 기압

온도, 광선, 수분, 금속, 미생물
보기에 기압이 나오면 대부분 아님

43 우뭇가사리를 주원료로 이들 점액을 얻어 굳힌 해조류 가공제품은?

① 젤라틴

② 곤약

③ 한천

④ 키틴

- 한천 : 양갱, 우뭇가사리
- 젤라틴 : 족편, 콜라겐

44 홍조류에 속하며 무기질이 골고루 함유되어 있고 단백질도 많이 함유된 해조류는?

① 김

② 미역

③ 파래

④ 다시마

해조류
- 홍조류 – 김, 우뭇가사리
- 갈조류 – 미역, 다시마
- 녹조류 – 파래, 매생이

45 계량컵을 사용하여 밀가루를 계량할 때 가장 올바른 방법은?

① 체로 쳐서 가만히 수북하게 담아 주걱으로 깎아서 측정한다.

② 계량컵에 그대로 담아 주걱으로 깎아서 측정한다.

③ 계량컵에 꼭꼭 눌러 담은 후 주걱으로 깎아서 측정한다.

④ 계량컵을 가볍게 흔들어 주면서 담은 후 주걱을 깎아서 측정한다.

46 편육을 할 때 가장 적합한 삶기 방법은?

① 끓는 물에 고기를 덩어리째 넣고 삶는다.

② 끓는 물에 고기를 잘게 썰어 넣고 삶는다.

③ 찬물에서부터 고기를 넣고 삶는다.

④ 찬물에서부터 고기와 생강을 넣고 삶는다.

고기 – 끓는 물
vs
국물(육수) – 찬물

47 다음 중 단체급식 조리장을 신축할 때 우선적으로 고려할 사항 순으로 배열된 것은?

가. 위생	나. 경제	다. 능률

① 다 → 나 → 가

② 나 → 가 → 다

③ 가 → 다 → 나

④ 나 → 다 → 가

주방을 하려면 위생적이고 능률적이어야 하는데 그러면 경제적이겠죠? 이렇게 생각을..!

48 쌀을 지나치게 문질러서 씻을 때 가장 손실이 큰 비타민은?

① 비타민 A

② 비타민 B₁

③ 비타민 D

④ 비타민 E

비타민 E : 항산화제, 산화방지제, 노화방지

49 육류의 사후강직의 원인 물질은?

① 액토미오신(actomyosin)

② 젤라틴(gelatin)

③ 엘라스틴(elastin)

④ 콜라겐(collagen)

사후강직 → 액토미오신

50 우유의 균질화(homogenization)에 대한 설명이 아닌 것은?

① 지방구 크기를 0.1~2.2㎛ 정도로 균일하게 만들 수 있다.

② 탈지유를 첨가하여 지방의 함량을 맞춘다.

③ 큰 지방구의 크림층 형성을 방지한다.

④ 지방의 소화를 용이하게 한다.

모의고사편

CBT(Computer Based Test)

CBT(Computer Based Test) 시험 안내

2017년부터 모든 기능사 필기시험은 시험장의 컴퓨터를 통해 이루어집니다. 화면에 나타난 문제를 풀고 마우스를 통해 정답을 표시하여 모든 문제를 다 풀었는지 한 번 더 확인한 후 답안을 제출하고, 제출된 답안은 감독자의 컴퓨터에 자동으로 저장되는 방식입니다. 처음 응시하는 학생들은 시험 환경이 낯설어 실수할 수 있으므로, 반드시 사전에 CBT 시험에 대한 충분한 연습이 필요합니다. Q-Net 홈페이지에서는 CBT 체험하기를 제공하고 있으니, 잘 활용하기를 바랍니다.

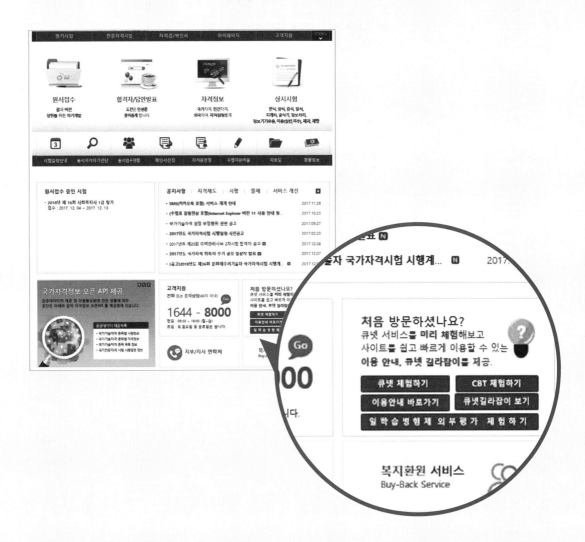

〈http://www.q-net.or.kr〉

1 큐넷 홈페이지에서 CBT 필기 자격시험 체험하기 클릭

2 수험자 정보 확인과 안내사항, 유의사항 읽어보기

3 CBT 화면 메뉴 설명 확인하기

4 문제 풀이 실습 체험해 보기

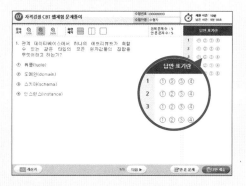

5 답안 제출, 최종 확인 및 시험 완료

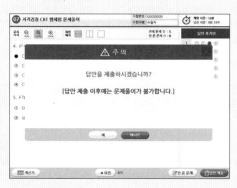 

양식조리기능사 필기 모의고사 ❶

수험번호 :

수험자명 :

 제한 시간 : **60분**
남은 시간 : 60분

글자
크기

화면
배치

전체 문제 수 : 60
안 푼 문제 수 : ☐

답안 표기란

1	①	②	③	④
2	①	②	③	④
3	①	②	③	④
4	①	②	③	④

음식 위생관리

1 세균이 자라는 데 필수적인 인자와 가장 거리가 먼 것은?

① 온도　　　　　　　　② 수분
③ 영양분　　　　　　　④ 압력

2 미생물 종류 중 크기가 가장 작은 것은?

① 세균(bacteria)　　　② 바이러스(virus)
③ 곰팡이(mold)　　　　④ 효모(yeast)

3 다음 중 중간숙주 없이 감염이 가능한 기생충은?

① 아니사키스　　　　　② 회충
③ 폐흡충　　　　　　　④ 간흡충

4 무구조충(민촌충) 감염의 올바른 예방 대책은?

① 게나 가재의 가열 섭취
② 음료수의 소독
③ 채소류의 가열 섭취
④ 소고기의 가열 섭취

답안 표기란

5 ① ② ③ ④
6 ① ② ③ ④
7 ① ② ③ ④
8 ① ② ③ ④
9 ① ② ③ ④

5 식품 속에 분변이 오염되었는지의 여부를 판별할 뿐만 아니라 냉동식품의 오염을 판별하는 데 이용하는 지표균은?

① 장티푸스균   ② 살모넬라균
③ 이질균   ④ 장구균

6 피부 온도의 상승이나 국소혈관의 확장작용을 나타내는 것은?

① 적외선   ② 가시광선
③ 자외선   ④ 감마선

7 공기의 자정작용에 속하지 않는 것은?

① 산소, 오존 및 과산화수소에 의한 산화작용
② 공기 자체의 희석작용
③ 세정작용
④ 여과작용

8 〈예비처리–본처리–오니처리〉 순서로 진행되는 것은?

① 하수처리   ② 쓰레기처리
③ 상수도처리   ④ 지하수처리

9 기존 위생관리방법과 비교하여 HACCP의 특징에 대한 설명으로 옳은 것은?

① 주로 완제품 위주의 관리이다.
② 위생상의 문제 발생 후 조치하는 사후적 관리이다.
③ 시험분석방법에 장시간이 소요된다.
④ 가능성이 있는 모든 위해요소를 예측하고 대응할 수 있다.

10 음식물과 함께 섭취한 미생물이 식품이나 체내에서 다량 증식하여 장관 점막에 위해를 끼침으로써 일어나는 식중독은?

① 독소형 세균성 식중독

② 감염형 세균성 식중독

③ 식물성 자연독 식중독

④ 동물성 자연독 식중독

11 황색포도상구균의 특징이 아닌 것은?

① 균체가 열에 강함

② 독소형 식중독 유발

③ 화농성 질환의 원인균

④ 엔테로톡신 생성

12 식중독에 관한 설명으로 틀린 것은?

① 자연독이나 유해물질이 함유된 음식물을 섭취함으로써 생긴다.

② 발열, 구역질, 구토, 설사, 복통 등의 증세가 나타난다.

③ 세균, 곰팡이, 화학물질 등이 원인물질이다.

④ 대표적인 식중독은 콜레라, 세균성 이질, 장티푸스 등이 있다.

13 식품과 자연독 성분이 잘못 연결된 것은?

① 섭조개 – 삭시톡신

② 바지락 – 베네루핀

③ 피마자 – 리신

④ 청매 – 시구아톡신

14 다음 중 유해성 표백제는?

① 롱가릿

② 아우라민

③ 포름알데히드

④ 사이클라메이트

답안 표기란

15 ① ② ③ ④
16 ① ② ③ ④
17 ① ② ③ ④
18 ① ② ③ ④
19 ① ② ③ ④

15 히스타민 함량이 많아 가장 알레르기성 식중독을 일으키기 쉬운 어육은?

① 넙치   ② 대구

③ 가다랑어   ④ 도미

16 승홍수에 대한 설명으로 틀린 것은?

① 단백질을 응고시킨다.

② 강력한 살균력이 있다.

③ 금속기구의 소독에 적합하다.

④ 승홍의 0.1% 수용액이다.

17 예방접종이 감염병 관리상 갖는 의미는?

① 병원소의 제거

② 감염원의 제거

③ 환경의 관리

④ 숙주의 감수성 관리

18 경구감염병과 세균성 식중독의 주요 차이점에 대한 설명으로 옳은 것은?

① 경구감염병은 다량의 균으로, 세균성 식중독은 소량의 균으로 발병한다.

② 세균성 식중독은 2차 감염이 많고, 경구감염병은 거의 없다.

③ 경구감염병은 면역성이 없고, 세균성 식중독은 있는 경우가 많다.

④ 세균성 식중독은 잠복기가 짧고, 경구감염병은 일반적으로 길다.

19 호흡기계 감염병이 아닌 것은?

① 폴리오   ② 홍역

③ 백일해   ④ 디프테리아

20 식품 또는 식품첨가물의 완제품을 나누어 유통할 목적으로 재포장, 판매하는 영업은?

① 식품제조·가공업
② 식품운반업
③ 식품소분업
④ 즉석판매제조·가공업

21 식품위생법령상 영업허가 대상인 업종은?

① 일반음식점영업
② 식품조사처리업
③ 식품소분·판매업
④ 즉석판매제조·가공업

22 과채류의 품질유지를 위한 피막제로만 사용하는 식품첨가물은?

① 실리콘수지
② 몰포린지방산염
③ 인산나트륨
④ 만니톨

23 중금속과 중독 증상의 연결이 잘못된 것은?

① 카드뮴 – 신장기능 장애
② 크롬 – 비중격천공
③ 수은 – 홍독성 홍분
④ 납 – 섬유화 현상

24 식품을 조리 또는 가공할 때 생성되는 유해물질과 그 생성 원인을 잘못 짝지은 것은?

① 엔–니트로소아민(N–nitrosoamine) – 육가공품의 발색제 사용으로 인한 아질산과 아민과의 반응 생성물

② 다환방향족탄화수소(polycysticaromatic hydrocarbon) – 유기물질을 고온으로 가열할 때 생성되는 단백질이나 지방의 분해 생성물

③ 아크릴아마이드(acrylamide) – 전분식품을 가열 시 아미노산과 당의 열에 의한 결합 반응 생성물

④ 헤테로고리아민(heterocyclic amines) – 주류 제조 시 에탄올과 카바밀기의 반응에 의한 생성물

25 조개류에 들어있으며 독특한 국물 맛을 나타내는 유기산은?

① 젖산   ② 초산
③ 호박산   ④ 피트산

26 국소진동으로 인한 질병 및 직업병의 예방대책이 아닌 것은?

① 보건교육   ② 완충장치
③ 방열복 착용   ④ 작업시간 단축

음식 안전관리

27 조리 작업 시 발생할 수 있는 안전사고의 위험요인과 원인의 연결이 바르지 않은 것은?

① 베임·절단 – 칼 사용 미숙
② 미끄러짐 – 부적절한 조명
③ 전기 감전 – 연결코드 제거 후 전자제품 청소
④ 화재발생 – 끓는 식용유 취급

답안 표기란

28 ① ② ③ ④
29 ① ② ③ ④
30 ① ② ③ ④
31 ① ② ③ ④
32 ① ② ③ ④

음식 재료관리

28 토마토의 붉은색을 나타내는 색소는?

① 카로티노이드　　　　② 클로로필
③ 안토시아닌　　　　　④ 탄닌

29 캐러멜화(caramelization) 반응을 일으키는 것은?

① 당류　　　　　　　　② 아미노산
③ 지방질　　　　　　　④ 비타민

30 감자를 썰어 공기 중에 놓아두면 갈변되는데 이 현상과 가장 관계가 깊은 효소는?

① 아밀라아제　　　　　② 티로시나아제
③ 얄라핀　　　　　　　④ 미로시나제

31 카제인(casein)은 어떤 단백질에 속하는가?

① 당단백질　　　　　　② 지단백질
③ 유도단백질　　　　　④ 인단백질

32 지방에 대한 설명으로 틀린 것은?

① 에너지가 높고 포만감을 준다.
② 모든 동물성 지방은 고체이다.
③ 기름으로 식품을 가열하면 풍미를 향상시킨다.
④ 지용성 비타민의 흡수를 좋게 한다.

33 다음 중 효소가 아닌 것은?

① 말타아제(maltase)

② 펩신(pepsin)

③ 레닌(rennin)

④ 유당(lactose)

답안 표기란

34 안토시아닌 색소를 함유하는 과일의 붉은색을 보존하려고 할 때 가장 좋은 방법은?

① 식초를 가한다.

② 중조를 가한다.

③ 소금을 가한다.

④ 수산화나트륨을 가한다.

35 다음 중 식품의 일반성분이 아닌 것은?

① 수분   ② 효소

③ 탄수화물   ④ 무기질

36 치즈 제조에 사용되는 우유단백질을 응고시키는 효소는?

① 프로테아제(protease)

② 레닌(rennin)

③ 아밀라아제(amylase)

④ 말타아제(maltase)

37 우유를 응고시키는 요인과 거리가 먼 것은?

① 가열   ② 레닌

③ 산   ④ 당류

답안 표기란

38 ① ② ③ ④
39 ① ② ③ ④
40 ① ② ③ ④
41 ① ② ③ ④
42 ① ② ③ ④

음식 구매관리

38 다음 중 신선한 달걀의 특징에 해당하는 것은?

① 껍질이 매끈하고 윤기가 흐른다.
② 식염수에 넣었더니 가라앉는다.
③ 깨뜨렸더니 난백이 넓게 퍼진다.
④ 노른자의 점도가 낮고 묽다.

양식 기초 조리실무

39 매우 강한 향(백리향)으로 꽃봉오리 모양을 하고 있으며 그대로 또는 가루로 사용하는 향신료는?

① 정향　　　　　　　　② 월계수잎
③ 오레가노　　　　　　④ 생강

40 재료를 비닐봉지에 담아 밀폐시킨 후 저온의 미지근한 물속에서 오랫동안 익혀 풍부한 육즙을 느끼도록 하는 조리방법은?

① boiling　　　　　　② poaching
③ sauteing　　　　　　④ sousvide

41 육류를 연화시키는 방법으로 적합하지 않은 것은?

① 생파인애플즙에 재워 놓는다.
② 칼등으로 두드린다.
③ 소금을 적당히 사용한다.
④ 끓여서 식힌 배즙에 재워놓는다.

42 연제품 제조에서 어육단백질을 용해하여 탄력성을 주기 위해 꼭 첨가해야 하는 물질은?

① 소금　　　　　　　　② 설탕
③ 펙틴　　　　　　　　④ 글루타민산소다

답안 표기란

43 ① ② ③ ④
44 ① ② ③ ④
45 ① ② ③ ④
46 ① ② ③ ④
47 ① ② ③ ④

43 잼 또는 젤리를 만들 때 가장 적당한 당분의 양은?

① 20~25% ② 40~45%

③ 60~65% ④ 80~85%

44 두부를 만드는 과정은 콩 단백질의 어떠한 성질을 이용한 것인가?

① 건조에 의한 변성

② 동결에 의한 변성

③ 효소에 의한 변성

④ 무기염류에 의한 변성

45 노화가 잘 일어나는 전분은 다음 중 어느 성분의 함량이 높은가?

① 아밀로오스 ② 아밀로펙틴

③ 글리코겐 ④ 한천

46 단체급식시설의 작업장별 관리에 대한 설명으로 잘못된 것은?

① 개수대는 생선용과 채소용을 구분하는 것이 식중독균의 교차오염을 방지하는 데 효과적이다.

② 가열, 조리하는 곳에는 환기장치가 필요하다.

③ 식품 보관 창고에 식품을 보관 시 바닥과 벽에 식품이 직접 닿지 않게 하여 오염을 방지한다.

④ 자외선등은 모든 기구와 식품 내부의 완전살균에 매우 효과적이다.

47 조리대 배치형태 중 환풍기와 후드의 수를 최소화 할 수 있는 것은?

① 일렬형 ② 병렬형

③ ㄷ자형 ④ 아일랜드형

48 달걀의 기포성을 이용한 것은?

① 달걀찜

② 푸딩(pudding)

③ 머랭(meringue)

④ 마요네즈(mayonnaise)

답안 표기란				
48	①	②	③	④
49	①	②	③	④
50	①	②	③	④
51	①	②	③	④
52	①	②	③	④

49 버터나 마가린의 계량방법으로 가장 옳은 것은?

① 냉장고에서 꺼내어 계량컵에 눌러 담은 후 윗면을 직선으로 된 칼로 깎아 계량한다.

② 실온에서 부드럽게 하여 계량컵에 담아 계량한다.

③ 실온에서 부드럽게 하여 계량컵에 눌러 담은 후 윗면을 직선으로 된 칼로 깎아 계량한다.

④ 냉장고에서 꺼내어 계량컵의 눈금까지 담아 계량한다.

50 채소의 무기질, 비타민의 손실을 줄일 수 있는 조리방법은?

① 데치기　　　　　② 끓이기

③ 삶기　　　　　　④ 볶기

51 다음 중 향신료와 그 성분이 잘못 연결된 것은?

① 후추 – 차비신

② 생강 – 진저롤

③ 참기름 – 세사몰

④ 겨자 – 캡사이신

52 식품조리의 목적과 가장 거리가 먼 것은?

① 식품이 지니고 있는 영양소 손실을 최대한 적게 하기 위해

② 각 식품의 성분이 잘 조화되어 풍미를 돋구게 하기 위해

③ 외관상으로 식욕을 자극하기 위해

④ 질병을 예방하고 치료하기 위해

53 육류 조리과정 중 색소의 변화 단계가 바르게 연결된 것은?

① 미오글로빈 – 메트미오글로빈 – 옥시미오글로빈 – 헤마틴

② 메트미오글로빈 – 옥시미오글로빈 – 미오글로빈 – 헤마틴

③ 미오글로빈 – 옥시미오글로빈 – 메트미오글로빈 – 헤마틴

④ 옥시미오글로빈 – 메트미오글로빈 – 미오글로빈 – 헤마틴

54 튀김옷에 대한 설명 중 잘못된 것은?

① 중력분에 10~30% 전분을 혼합하면 박력분과 비슷한 효과를 얻을 수 있다.

② 계란을 넣으면 글루텐 형성을 돕고 수분 방출을 막아주므로 장시간 두고 먹을 수 있다.

③ 튀김옷에 0.2% 정도의 중조를 혼입하면 오랫동안 바삭한 상태를 유지할 수 있다.

④ 튀김옷을 반죽할 때 적게 저으면 글루텐 형성을 방지할 수 있다.

55 소금절임 시 저장성이 좋아지는 이유는?

① pH가 낮아져 미생물이 살아갈 수 없는 환경이 조성된다.

② pH가 높아져 미생물이 살아갈 수 없는 환경이 조성된다.

③ 고삼투성에 의한 탈수효과에 미생물의 생육이 억제된다.

④ 저삼투성에 의한 탈수효과로 미생물의 생육이 억제된다.

양식조리

56 서양요리 조리방법 중 습열조리와 거리가 먼 것은?

① 브로일링(broiling)

② 스티밍(steaming)

③ 보일링(boilling)

④ 시머링(simmering)

57 5대 모체 소스가 아닌 것은?

① 이탈리안 미트 소스

② 토마토 소스

③ 에스파뇰 소스

④ 홀랜다이즈 소스

58 토마토 소스에 대한 설명으로 옳은 것은?

① 토마토 페이스트는 토마토를 껍질만 벗겨 통조림으로 만든 것이다.

② 토마토 퓌레는 토마토를 파쇄하여 조미하지 않고 농축한 것이다.

③ 토마토 쿨리는 토마토 퓌레를 더 강하게 농축하여 수분을 날린 것이다.

④ 토마토 홀은 토마토 퓌레에 향신료를 가미한 것이다.

59 이탈리아의 수프로 야채, 베이컨, 파스타를 넣고 끓인 야채 수프는?

① 굴라시(goulash)

② 부야베스(bouillabaisse)

③ 미네스트로네(minestrone)

④ 보르스치 수프(borsch soup)

60 조식의 종류 중 가장 무거운 아침 식사로 빵과 주스, 달걀, 감자, 육류, 생선 요리가 제공되는 것은?

① 유럽식 아침 식사(continental breakfast)

② 미국식 아침 식사(american breakfast)

③ 아시아식 아침 식사(asian breakfast)

④ 영국식 아침 식사(english breakfast)

양식조리기능사 필기 모의고사 ❷

수험번호 :

수험자명 :

 제한 시간 : 60분
남은 시간 : 60분

글자
크기

화면
배치

전체 문제 수 : 60
안 푼 문제 수 : ☐

답안 표기란

1 ① ② ③ ④
2 ① ② ③ ④
3 ① ② ③ ④
4 ① ② ③ ④
5 ① ② ③ ④

음식 위생관리

1 식품의 부패란 주로 무엇이 변질된 것인가?

① 무기질　　　　　　② 포도당
③ 단백질　　　　　　④ 비타민

2 발육 최적 온도가 25~37℃인 균은?

① 저온균　　　　　　② 중온균
③ 고온균　　　　　　④ 내열균

3 회충의 전파경로는?

① 분변　　　　　　② 소변
③ 타액　　　　　　④ 혈액

4 돼지고기를 불충분하게 가열하여 섭취할 경우 감염되기 쉬운 기생충은?

① 간흡충　　　　　　② 무구조충
③ 폐흡충　　　　　　④ 유구조충

5 바다에서 잡히는 어류(생선)를 먹고 기생충증에 걸렸다면 이와 가장 관계 깊은 기생충은?

① 아니사키스충
② 유구조충
③ 동양모양선충
④ 선모충

6 하수처리방법 중에서 처리의 부산물로 메탄가스 발생이 많은 것은?

① 활성오니법 ② 살수여상법
③ 혐기성처리법 ④ 산화지법

7 군집독의 가장 큰 원인은?

① 실내공기의 이화학적 조성의 변화 때문이다.
② 실내의 생물학적 변화 때문이다.
③ 실내공기 중 산소의 부족 때문이다.
④ 실내기온이 증가하여 너무 덥기 때문이다.

8 햇볕에 쪼였을 때 구루병 예방 효과와 가장 관계 깊은 것은?

① 적외선 ② 자외선
③ 마이크로파 ④ 가시광선

9 일반적으로 식중독을 방지하는 데 기본적으로 가장 중요한 사항은?

① 취급자의 마스크 사용
② 감염자의 예방접종
③ 식품의 냉장과 냉동보관
④ 위생복의 착용

10 식품접객업소의 조리판매 등에 대한 기준 및 규격에 의한 조리용 칼, 도마, 식기류의 미생물 규격은?(단 사용 중의 것은 제외한다.)

① 살모넬라 음성, 대장균 양성
② 살모넬라 음성, 대장균 음성
③ 황색포도상구균 양성, 대장균 음성
④ 황색포도상구균 음성, 대장균 양성

답안 표기란

11 ① ② ③ ④
12 ① ② ③ ④
13 ① ② ③ ④
14 ① ② ③ ④
15 ① ② ③ ④

11 어패류 생식 시 주로 나타나며, 수양성 설사증상을 일으키는 식중독의 원인균은?

① 살모넬라균
② 장염비브리오균
③ 포도상구균
④ 클로스트리디움 보툴리눔균

12 엔테로톡신에 대한 설명으로 옳은 것은?

① 해조류 식품에 많이 들어 있다.
② 100℃에서 10분간 가열하면 파괴된다.
③ 황색포도상구균이 생성한다.
④ 잠복기는 2~5일이다.

13 복어중독을 일으키는 독성분은?

① 테트로도톡신　　　　② 솔라닌
③ 베네루핀　　　　　　④ 무스카린

14 유해보존료에 속하지 않는 것은?

① 붕산　　　　　　　② 소르빈산
③ 불소화합물　　　　④ 포름알데히드

15 다음 물질 중 소독의 효과가 가장 낮은 것은?

① 석탄산　　　　　　② 중성세제
③ 크레졸　　　　　　④ 알코올

답안 표기란

16 ① ② ③ ④
17 ① ② ③ ④
18 ① ② ③ ④
19 ① ② ③ ④
20 ① ② ③ ④

16 병원체가 바이러스(virus)인 감염병은?

① 결핵   ② 회충

③ 발진티푸스   ④ 일본뇌염

17 파리 구제에 가장 효과적인 방법은?

① 성충을 구제하기 위하여 살충제를 분무한다.

② 방충망을 설치한다.

③ 천적을 이용한다.

④ 환경위생의 개선으로 발생원을 제거한다.

18 순화독소(toxoid)를 사용하는 예방접종으로 면역이 되는 질병은?

① 파상풍   ② 콜레라

③ 폴리오   ④ 백일해

19 영업허가를 받거나 신고를 하지 않아도 되는 경우는?

① 주로 주류를 조리·판매하는 영업으로서 손님이 노래를 부르는 행위가 허용되는 영업을 하려는 경우

② 보건복지부령이 정하는 식품 또는 식품첨가물의 완제품을 나누어 유통을 목적으로 재포장·판매하려는 경우

③ 방사선을 쬐어 식품 보존성을 물리적으로 높이려는 경우

④ 식품첨가물이나 다른 원료를 사용하지 아니하고 농산물을 단순히 껍질을 벗겨 가공하려는 경우

20 식품 등의 표시기준상 과자류에 포함되지 않는 것은?

① 캔디류   ② 추잉껌

③ 유바   ④ 빙과류

답안 표기란

21 ① ② ③ ④
22 ① ② ③ ④
23 ① ② ③ ④
24 ① ② ③ ④
25 ① ② ③ ④

21 다음 식품첨가물 중 주요 목적이 다른 것은?

① 과산화벤조일   ② 과황산암모늄

③ 이산화염소   ④ 아질산나트륨

22 체내에서 흡수되면 신장의 재흡수장애를 일으켜 칼슘 배설을 증가시키는 중금속은?

① 납   ② 수은

③ 비소   ④ 카드뮴

23 식품의 위생과 관련된 곰팡이의 특징이 아닌 것은?

① 건조식품을 잘 변질시킨다.

② 대부분 생육에 산소를 요구하는 절대 호기성 미생물이다.

③ 곰팡이독을 생성하는 것도 있다.

④ 일반적으로 생육 속도가 세균에 비하여 빠르다.

24 식품의 부패 과정에서 생성되는 불쾌한 냄새 물질과 거리가 먼 것은?

① 암모니아   ② 포르말린

③ 황화수소   ④ 인돌

음식 안전관리

25 위험도 경감 3가지 시스템 구성요소가 아닌 것은?

① 사람   ② 절차

③ 기술   ④ 장비

음식 재료관리

26 18:2 지방산에 대한 설명으로 옳은 것은?

① 토코페롤과 같은 항산화성이 있다.

② 이중결합이 2개 있는 불포화지방산이다.

③ 탄소수가 20개이며, 리놀렌산이다.

④ 체내에서 생성되므로 음식으로 섭취하지 않아도 된다.

27 신체를 구성하는 전체 무기질의 1/4 정도를 차지하며 골격과 치아조직을 구성하는 무기질은?

① 구리   ② 철

③ 인   ④ 마그네슘

28 인체에 필요한 직접 영양소는 아니지만 식품의 색, 냄새, 맛 등을 부여하여 식욕을 증진시킨 것은?

① 단백질식품   ② 인스턴트식품

③ 기호식품   ④ 건강식품

29 사과의 갈변촉진 현상에 영향을 주는 효소는?

① 아밀라아제(amylase)

② 리파아제(lipase)

③ 아스코르비나아제(ascorbinase)

④ 폴리페놀 옥시다아제(polyphenol oxidase)

30 색소 성분의 변화에 대한 설명 중 맞는 것은?

① 엽록소는 알칼리성에서 갈색화

② 플라본 색소는 알칼리성에서 황색화

③ 안토시안 색소는 산성에서 청색화

④ 카로틴 색소는 산성에서 흰색화

31 신맛 성분과 주요 소재 식품의 연결이 틀린 것은?

① 초산(acetic acid) – 식초

② 젖산(lactic acid) – 김치류

③ 구연산(citric acid) – 시금치

④ 주석산(tartaric acid) – 포도

32 영양소와 그 기능의 연결이 틀린 것은?

① 유당(젖당) – 정장 작용

② 셀룰로오스 – 변비 예방

③ 비타민 K – 혈액 응고

④ 칼슘 – 헤모글로빈 구성 성분

33 지방의 경화에 대한 설명으로 옳은 것은?

① 물과 지방이 서로 섞여 있는 상태이다.

② 불포화지방산에 수소를 첨가하는 것이다.

③ 기름을 7.2℃까지 냉각시켜서 지방을 여과하는 것이다.

④ 반죽 내에서 지방층을 형성하여 글루텐 형성을 막는 것이다.

34 당류와 그 가수분해 생성물이 옳은 것은?

① 맥아당 = 포도당 + 과당

② 유당 = 포도당 + 갈락토오스

③ 설탕 = 포도당 + 포도당

④ 이눌린 = 포도당 + 셀룰로오스

35 단백질의 구성 단위는?

① 아미노산   ② 지방산

③ 과당   ④ 포도당

36 비타민에 관한 설명 중 틀린 것은?

① 카로틴은 프로비타민 A이다.

② 비타민 E는 토코페롤이라고도 한다.

③ 비타민 B_{12}는 코발트를 함유한다.

④ 비타민 C가 결핍되면 각기병이 발생한다.

37 식품의 신맛에 대한 설명으로 옳은 것은?

① 신맛은 식욕을 증진시켜 주는 작용을 한다.

② 식품의 신맛의 정도는 수소이온농도와 반비례한다.

③ 동일한 pH에서 무기산이 유기산보다 신맛이 더 강하다.

④ 포도, 사과의 상쾌한 신맛 성분은 호박산(succinic acid)과 이노신산(inosinic acid)이다.

38 사과, 바나나, 파인애플 등의 향미성분은?

① 에스테르(ester)류

② 고급지방산류

③ 유황화합물류

④ 퓨란(furan)류

음식 구매관리

39 다음 자료로 계산한 제조원가는 얼마인가?

보기		
• 직접재료비		180,000원
• 간접재료비		50,000원
• 직접노무비		100,000원
• 간접노무비		30,000원
• 직접경비		10,000원
• 간접경비		100,000원
• 판매관리비		120,000원

① 590,000원   ② 470,000원

③ 410,000원   ④ 290,000원

양식 기초 조리실무

40 용량을 측정하는 단위에서 1쿼터(quart)는 약 몇 컵이 되는가?

① 약 1컵
② 약 2컵
③ 약 3컵
④ 약 4컵

41 육류를 끓여 국물을 만들 때의 설명으로 맞는 것은?

① 육류를 오래 끓이면 근육조직인 젤라틴이 콜라겐으로 용출되어 맛있는 국물을 만든다.

② 육류를 찬물에 넣어 끓이면 맛 성분의 용출이 잘되어 맛있는 국물을 만든다.

③ 육류를 끓는 물에 넣고 설탕을 넣어 끓이면 맛 성분의 용출이 잘되어 맛있는 국물을 만든다.

④ 육류를 오래 끓이면 질긴 지방조직인 콜라겐이 젤라틴화 되어 맛있는 국물을 만든다.

42 덩어리 육류를 건열로 표면에 갈색이 나도록 구워 내부의 육즙이 나오지 않게 한 후 소량의 물, 우유와 함께 습열조리하는 것은?

① 브레이징(braising)
② 스튜잉(stewing)
③ 브로일링(broiling)
④ 로스팅(roasting)

43 전분의 호화에 필요한 요소만으로 짝지어진 것은?

① 물, 열
② 물, 기름
③ 기름, 설탕
④ 열, 설탕

44 밀가루 반죽에 사용되는 물의 기능이 아닌 것은?

① 반죽의 경도에 영향을 준다.

② 소금의 용해를 도와 반죽에 골고루 섞이게 한다.

③ 글루텐의 형성을 돕는다.

④ 전분의 호화를 방지한다.

45 단백질의 분해효소로 식물성 식품에서 얻어지는 것은?

① 펩신(pepsin)　　　② 트립신(trypsin)

③ 파파인(papain)　　④ 레닌(rennin)

46 어패류에 관한 설명 중 틀린 것은?

① 붉은살 생선은 깊은 바다에 서식하여 지방함량이 5% 이하이다.

② 문어, 꼴뚜기, 오징어는 연체류에 속한다.

③ 연어의 분홍살색은 카로티노이드 색소에 기인한다.

④ 생선은 자가소화에 의하여 품질이 저하된다.

47 머랭을 만들고자 할 때 설탕 첨가는 어느 단계에 하는 것이 좋은가?

① 처음 젓기 시작할 때

② 거품이 생기려고 할 때

③ 충분히 거품이 생겼을 때

④ 거품이 없어졌을 때

48 성인병 예방을 위한 급식에서 식단 작성을 할 때 가장 고려해야 할 점은?

① 전체적인 영양의 균형을 생각하여 식단을 작성하며 소금이나 지나친 동물성 지방의 섭취를 제한한다.

② 맛을 좋게 하기 위하여 시중에서 파는 천연 또는 화학조미료를 사용하도록 한다.

③ 영양에 중점을 두어 맛있고 변화가 풍부한 식단을 작성하며, 특히 기회에 중점을 둔다.

④ 계절식품과 지역적 배려에 신경을 쓰며, 새로운 메뉴 개발에 노력한다.

49 다량으로 전, 부침개 등을 조리할 때 사용되는 기기로서 열원은 가스이며, 불판 밑에 버너가 있는 가열기기는?

① 그리들   ② 샐러맨더

③ 만능조리기   ④ 가스레인지 오븐

50 유지를 가열할 때 유지 표면에서 엷은 푸른 연기가 나기 시작할 때의 온도는?

① 팽창점   ② 연화점

③ 용해점   ④ 발연점

51 식품 조리의 목적으로 부적합한 것은?

① 영양소의 함량 증가

② 풍미향상

③ 식욕증진

④ 소화되기 쉬운 형태로 변화

52 멥쌀과 찹쌀에 있어 노화속도 차이의 원인 성분은?

① 아밀라아제(amylase)

② 글리코겐(glycogen)

③ 아밀로펙틴(amylopectin)

④ 글루텐(gluten)

53 달걀의 기포형성을 도와주는 물질은?

① 산, 수양난백   ② 우유, 소금

③ 우유, 설탕   ④ 지방, 소금

54 강화식품에 대한 설명으로 틀린 것은?

① 식품에 원래 적게 들어 있는 영양소를 보충한다.

② 식품의 가공 중 손실되기 쉬운 영양소를 보충한다.

③ 강화영양소로 비타민 A, 비타민 B, 칼슘 등을 이용한다.

④ α−화 쌀은 대표적인 강화식품이다.

55 조리에 사용하는 냉동식품의 특성이 아닌 것은?

① 완만 동결하여 조직이 좋다.

② 장시간 보존이 가능하다.

③ 저장 중 영양가 손실이 적다.

④ 비교적 신선한 풍미가 유지된다.

양식조리

56 스톡의 재료 중 작은 조각의 향신료들을 소창에 싸서 사용하여 스톡의 향을 강화시키는 재료는?

① 뼈(bone)

② 미르포아(mirepoix)

③ 쿠르부용(court bouillon)

④ 샤세데피스(sachet d'epices)

답안 표기란

52 ① ② ③ ④

53 ① ② ③ ④

54 ① ② ③ ④

55 ① ② ③ ④

56 ① ② ③ ④

57 식전에 나오는 모든 요리를 총칭하는 말은?

① 렐리시(relishes)

② 칵테일(cocktail)

③ 카나페(canape)

④ 오르되브르(hors d'oeuvre)

58 유화 드레싱에 대한 설명으로 틀린 것은?

① 소스가 만들어지는 과정에서 너무 차거나 따뜻하게 되었을 때 드레싱이 분리될 수 있다.

② 유화제인 난황과 머스터드를 추가하여 더욱 안정된 상태로 만들수 있다.

③ 분리된 마요네즈는 복원이 되지 않으므로 폐기하고 새로 만들어야 한다.

④ 달걀노른자가 기름을 흡수하기에 너무 빠르게 기름이 첨가될 때드레싱이 분리될 수 있다.

59 생면 파스타의 종류 중 하나로 '작은 귀'라는 의미로 귀처럼 오목하고 소스가 잘 입혀지도록 안쪽 면에 주름이 잡힌 생면 파스타는?

① 오레키에테(orecchiette)

② 탈리아텔레(tagliatelle)

③ 탈리올리니(tagliolini)

④ 파르팔레(farfalle)

60 소스 조리 시 사용되는 농후제가 아닌 것은?

① 루(roux)

② 전분(cornstarch)

③ 달걀흰자(egg white)

④ 뵈르 마니에(beurre manie)

양식조리기능사 필기 모의고사 ❸

수험번호 :

수험자명 :

 제한 시간 : 60분
남은 시간 : 60분

글자
크기 100% 150% 200%

화면
배치

전체 문제 수 : 60
안 푼 문제 수 :

음식 위생관리

1 다음 미생물 중 곰팡이가 아닌 것은?

① 아스퍼질러스 속

② 페니실리움 속

③ 클로스트리디움 속

④ 리조푸스 속

2 다음 중 식품의 부패와 가장 거리가 먼 것은?

① 토코페롤 ② 단백질

③ 미생물 ④ 유기물

3 다음 중 제1 및 제2중간숙주가 있는 것은?

① 구충, 요충

② 사상충, 회충

③ 간흡충, 유구조충

④ 폐흡충, 광절열두조충

4 인분을 사용한 밭에서 특히 경피적 감염을 주의해야 하는 기생충은?

① 십이지장충 ② 요충

③ 회충 ④ 말레이사상충

5 동·식물체에 자외선을 쪼이면 활성화되는 비타민은?

① 비타민 A ② 비타민 D

③ 비타민 E ④ 비타민 K

6 이산화탄소(CO_2)를 실내 공기의 오탁지표로 사용하는 가장 주된 이유는?

① 유독성이 강하므로
② 실내 공기조성의 전반적인 상태를 알 수 있으므로
③ 일산화탄소로 변화되므로
④ 항상 산소량과 반비례하므로

7 급식산업에 있어서 식품안전관리인증기준(HACCP)에 의한 중요관리점(CCP)에 해당하지 않는 것은?

① 교차오염 방지
② 권장된 온도에서의 냉각
③ 생물학적 위해요소 분석
④ 권장된 온도에서의 조리와 재가열

8 식중독 발생 시 즉시 취해야 할 행정적 조치는?

① 식중독 발생신고
② 원인식품의 폐기처분
③ 연막 소독
④ 역학조사

9 독소형 세균성 식중독으로 짝지어진 것은?

① 살모넬라 식중독, 장염비브리오 식중독
② 리스테리아 식중독, 복어독 식중독
③ 황색포도상구균 식중독, 클로스트리디움 보툴리눔균 식중독
④ 맥각독 식중독, 콜리균 식중독

답안 표기란

10 ① ② ③ ④

11 ① ② ③ ④

12 ① ② ③ ④

13 ① ② ③ ④

14 ① ② ③ ④

10 살모넬라균에 의한 식중독의 특징 중 틀린 것은?

① 장독소에 의해 발생한다.

② 잠복기는 보통 12~14시간이다.

③ 주요 증상은 메스꺼움, 구토, 복통, 발열이다.

④ 원인식품은 대부분 동물성 식품이다.

11 웰치균에 대한 설명으로 옳은 것은?

① 아포는 60℃에서 10분 가열하면 사멸한다.

② 혐기성 균주이다.

③ 냉장온도에서 잘 발육한다.

④ 당질식품에서 주로 발생한다.

12 혐기성균으로 열과 소독약에 저항성이 강한 아포를 생산하는 독소형 식중독은?

① 장염비브리오균

② 클로스트리디움 보툴리눔균

③ 살모넬라균

④ 포도상구균

13 다음 독버섯의 유독 성분은?

① 솔라닌   ② 무스카린

③ 아미그달린   ④ 테트로도톡신

14 각 환경요소에 대한 연결이 잘못된 것은?

① 이산화탄소(CO_2)의 서한량 : 5%

② 실내의 쾌감습도 : 40~70%

③ 일산화탄소(CO)의 서한량 : 9ppm

④ 실내 쾌감기류 : 0.2~0.3m/sec

15 감염병 환자가 회복 후에 형성되는 면역은?

① 자연능동면역

② 자연수동면역

③ 인공능동면역

④ 선천성 면역

16 개나 고양이 등과 같은 애완동물의 침을 통해서 사람에게 감염될 수 있는 인수공통감염병은?

① 결핵   ② 탄저

③ 야토병   ④ 톡소플라즈마증

17 위생해충과 이들이 전파하는 질병과의 관계가 잘못 연결된 것은?

① 바퀴 – 사상충

② 모기 – 말라리아

③ 쥐 – 유행성 출혈열

④ 파리 – 장티푸스

18 수인성 감염병의 역학적 유행특성이 아닌 것은?

① 환자 발생이 폭발적이다.

② 잠복기가 짧고 치명률이 높다.

③ 성별과 나이에 거의 무관하게 발생한다.

④ 급수지역과 발병지역이 거의 일치한다.

19 칼슘과 인이 소변 중으로 유출되는 골연화증 현상을 유발하는 유해중금속은?

① 납   ② 카드뮴

③ 수은   ④ 주석

답안 표기란

20 ① ② ③ ④
21 ① ② ③ ④
22 ① ② ③ ④
23 ① ② ③ ④
24 ① ② ③ ④

20 다음 중 표백제가 아닌 것은?

① 과산화수소
② 취소산칼륨
③ 차아황산나트륨
④ 아황산나트륨

21 과일통조림으로부터 용출되어 다량 섭취 시 구토, 설사, 복통 등을 일으킬 가능성이 있는 물질은?

① 아연(Zn)
② 납(Pb)
③ 구리(Cu)
④ 주석(Sn)

22 중국에서 멜라민 오염 식품에 의해 유아가 사망한 이유는?

① 강력한 발암물질이기 때문이다.
② 유아의 간에 축적되어 간독성을 나타내기 때문이다.
③ 배설되지 않고 생체 내에 전량이 잔류하기 때문이다.
④ 분유를 주식으로 하는 유아가 고농도의 멜라민에 노출되었기 때문이다.

23 식품을 제조·가공하는 업소에서 직접 최종소비자에게 판매하는 영업의 종류는?

① 식품운반업
② 식품소분·판매업
③ 즉석판매제조·가공업
④ 식품보존업

24 식품위생법상 영업의 신고 대상 업종이 아닌 것은?

① 일반음식점영업
② 단란주점영업
③ 휴게음식점영업
④ 식품제조·가공업

25 육가공 햄류에 사용하는 훈연법의 장점이 아닌 것은?

① 특유한 향미를 부여한다.

② 저장성을 향상시킨다.

③ 색이 선명해지고 고정된다.

④ 양이 감소한다.

26 장기간의 식품보존방법과 가장 관계가 먼 것은?

① 배건법

② 염장법

③ 산저장법(초지법)

④ 냉장법

27 레이노드현상이란?

① 손가락의 말초혈관 운동 장애로 일어나는 국소진통증이다.

② 각종 소음으로 일어나는 신경장애 현상이다.

③ 혈액순환 장애로 전신이 곧아지는 현상이다.

④ 소음에 적응을 할 수 없어 발생하는 현상을 총칭하는 것이다.

음식 안전관리

28 재해에 대한 설명으로 틀린 것은?

① 구성요소의 연쇄반응으로 일어난다.

② 불완전한 행동과 기술에 의해 발생한다.

③ 재해발생 비율을 줄이기 위해 안전관리가 집중적으로 필요하다.

④ 환경이나 작업조건으로 인해 자신에게만 상처를 입었을 때를 재해라 한다.

답안 표기란

29 ① ② ③ ④
30 ① ② ③ ④
31 ① ② ③ ④
32 ① ② ③ ④
33 ① ② ③ ④

음식 재료관리

29 칼슘의 흡수를 방해하는 인자는?

① 유당 ② 단백질
③ 비타민 C ④ 옥살산

30 지용성 비타민의 결핍증이 틀린 것은?

① 비타민 A – 안구건조증, 안염, 각막연화증
② 비타민 D – 골연화증, 유아발육 부족
③ 비타민 K – 불임증, 근육위축증
④ 비타민 F – 피부염, 성장정지

31 양질의 칼슘이 가장 많이 들어있는 식품끼리 짝지어진 것은?

① 곡류, 서류
② 돼지고기, 소고기
③ 우유, 건멸치
④ 달걀, 오리알

32 다음 중 알리신(allicin)이 가장 많이 함유된 식품은?

① 마늘 ② 사과
③ 고추 ④ 무

33 오이피클 제조 시 오이의 녹색이 녹갈색으로 변하는 이유는?

① 클로로필리드가 생겨서
② 클로로필린이 생겨서
③ 페오피틴이 생겨서
④ 잔토필이 생겨서

답안 표기란

34 ① ② ③ ④
35 ① ② ③ ④
36 ① ② ③ ④
37 ① ② ③ ④
38 ① ② ③ ④

34 철과 마그네슘을 함유하는 색소를 순서대로 나열한 것은?

① 안토시아닌, 플라보노이드

② 카로티노이드, 미오글로빈

③ 클로로필, 안토시아닌

④ 미오글로빈, 클로로필

35 마이야르(maillard) 반응에 영향을 주는 인자가 아닌 것은?

① 수분   ② 온도

③ 당의 종류   ④ 효소

36 수분활성도(Aw)에 대한 설명으로 틀린 것은?

① 말린 과일은 생과일보다 Aw가 낮다.

② 세균은 생육최저 Aw가 미생물 중에서 가장 낮다.

③ 효소활성은 Aw가 클수록 증가한다.

④ 소금이나 설탕은 가공식품의 Aw를 낮출 수 있다.

37 맥아당은 어떤 성분으로 구성되어 있는가?

① 포도당 2분자가 결합된 것

② 과당과 포도당 각 1분자가 결합된 것

③ 과당 2분자가 결합된 것

④ 포도당과 전분이 결합된 것

38 1g당 발생하는 열량이 가장 큰 것은?

① 당질   ② 단백질

③ 지방   ④ 알코올

39 단백질의 특성에 대한 설명으로 틀린 것은?

① C, H, O, N, S, P 등의 원소로 이루어져 있다.

② 단백질은 뷰렛에 의한 정색반응을 나타내지 않는다.

③ 조단백질은 일반적으로 질소의 양에 6.25를 곱한 값이다.

④ 아미노산은 분자 중에 아미노기와 카르복실기를 갖는다.

음식 구매관리

40 다음 원가의 구성에 해당하는 것은?

> 보기 직접원가 +제조간접비

① 판매가격   ② 간접원가

③ 제조원가   ④ 총원가

양식 기초 조리실무

41 끓이는 조리법의 단점은?

① 식품의 중심부까지 열이 전도되기 어려워 조직이 단단한 식품의 가열이 어렵다.

② 영양분의 손실이 비교적 많고 식품의 모양이 변형되기 쉽다.

③ 식품의 수용성분이 국물 속으로 유출되지 않는다.

④ 가열 중 재료 식품에 조미료의 충분한 침투가 어렵다.

42 기본 조리법에 대한 설명 중 틀린 것은?

① 채소를 끓는 물에 짧게 데치면 기공을 닫아 색과 영양의 손실이 적다.

② 로스팅(roasting)은 육류나 조육류의 큰 덩어리 고기를 통째로 오븐에 구워 내는 조리방법을 말한다.

③ 감자, 뼈 등은 찬물에 뚜껑을 열고 끓여야 물을 흡수하여 골고루 익는다.

④ 튀김을 할 때 온도는 160~180℃가 적당하다.

43 전분의 호화에 대한 설명으로 맞는 것은?

① α–전분이 β–전분으로 되는 현상이다.

② 전분의 미쉘(micelle)구조가 파괴된다.

③ 온도가 낮으면 호화시간이 빠르다.

④ 전분이 덱스트린(dextrin)으로 분해되는 과정이다.

44 곡류의 특성에 관한 설명으로 틀린 것은?

① 곡류의 호분층에는 단백질, 지질, 비타민, 무기질, 효소 등이 풍부하다.

② 멥쌀의 아밀로오스와 아밀로펙틴의 비율은 보통 80:20이다.

③ 밀가루로 면을 만들었을 때 잘 늘어나는 이유는 글루텐 성분의 특성 때문이다.

④ 맥아는 보리의 싹을 틔운 것으로 맥주 제조에 이용된다.

45 밀가루 제품에서 팽창제의 역할을 하지 않는 것은?

① 소금   ② 달걀

③ 이스트   ④ 베이킹파우더

46 식물성 유지가 아닌 것은?

① 올리브유   ② 면실유

③ 피마자유   ④ 버터

답안 표기란

43 ① ② ③ ④

44 ① ② ③ ④

45 ① ② ③ ④

46 ① ② ③ ④

답안 표기란

47 ① ② ③ ④

48 ① ② ③ ④

49 ① ② ③ ④

50 ① ② ③ ④

51 ① ② ③ ④

47 육류의 결합조직을 장시간 물에 넣어 가열했을 때의 변화는?

① 콜라겐이 젤라틴으로 된다.

② 액틴이 젤라틴으로 된다.

③ 미오신이 콜라겐으로 된다.

④ 엘라스틴이 콜라겐으로 된다.

48 일반적으로 생선의 맛이 좋아지는 시기는?

① 산란기 직전

② 산란기 때

③ 산란기 직후

④ 산란기 몇 개월 후

49 다음 중 난황에 들어 있으며 마요네즈 제조 시 유화제 역할을 하는 성분은?

① 글로불린

② 갈락토오스

③ 레시틴

④ 오브알부민

50 우유에 함유된 단백질이 아닌 것은?

① 락토오스(lactose)

② 카제인(casein)

③ 락토알부민(lactoalbumin)

④ 락토글로불린(lactoglobulin)

51 가공치즈(processed cheese)의 설명으로 틀린 것은?

① 자연치즈에 유화제를 가하여 가열한 것이다.

② 일반적으로 자연치즈보다 저장성이 높다.

③ 약 85℃에서 살균하여 pasteurized cheese라고도 한다.

④ 가공치즈는 매일 지속적으로 발효가 일어난다.

52 신맛 성분에 유기산인 아미노기($-NH_2$)가 있으면 어떤 맛이 가해진 산미가 되는가?

① 단맛

② 신맛

③ 쓴맛

④ 짠맛

53 유화의 형태가 나머지 셋과 다른 것은?

① 우유

② 마가린

③ 마요네즈

④ 아이스크림

54 우유에 들어있는 비타민 중에서 함유량이 적어 강화우유에 사용되는 지용성 비타민은?

① 비타민 D

② 비타민 C

③ 비타민 B_1

④ 비타민 E

55 생선의 자기소화 원인은?

① 세균의 작용

② 단백질 분해효소

③ 염류

④ 질소

양식조리

56 야채, 부케가르니, 식초나 와인 등의 산성 액체를 넣어 은근히 끓인 육수로 해산물을 데칠 때 주로 사용하는 것은?

① 생선 스톡(fish stock)

② 쿠르부용(court buillon)

③ 화이트 스톡(white stock)

④ 브라운 스톡(brown stock)

57 전채 요리를 조리할 때 주의해야 할 점이 아닌 것은?

① 신맛과 짠맛이 적당히 있어야 한다.

② 주요리보다 소량으로 만들어야 한다.

③ 계절감, 지역별 식재료 사용이 다양해야 한다.

④ 주요리와의 통일성을 위해 메인요리와 같은 조리법을 사용한다.

58 샌드위치 구성 요소 중 스프레드(spread)의 역할이 아닌 것은?

① 빵이 눅눅해지는 것을 방지한다.

② 재료들이 흩어지지 않도록 접착제 역할을 한다.

③ 개성있는 맛을 내고 재료와 어울리게 하는 역할을 한다.

④ 야채류, 싹류, 과일 등으로 만들며 보기 좋게 하여 상품성을 높인다.

59 수비드(sous vide)조리법의 특징으로 옳지 않은 것은?

① 위생플라스틱 비닐 속에 재료를 넣고 진공포장 후 조리한다.

② 높은 온도(200℃)에서 단시간 조리한다.

③ 맛과 향, 수분, 질감, 영양소를 보존하며 조리하는 방법이다.

④ 단백질 수축을 조절하여 부드럽게 조리가 가능하다.

60 이탈리아의 대표적인 식재료로 바질과 잘 어울리며 항암작용이 뛰어난 식재료는?

① 치즈   ② 굴

③ 토마토   ④ 복숭아

양식조리기능사 필기 모의고사 ❹

수험번호 :

수험자명 :

 제한 시간 : 60분
남은 시간 : 60분

글자
크기 | 화면
배치 전체 문제 수 : 60
안 푼 문제 수 :

답안 표기란
1 ① ② ③ ④
2 ① ② ③ ④
3 ① ② ③ ④
4 ① ② ③ ④
5 ① ② ③ ④

음식 위생관리

1 다음 중 미생물에 의한 식품의 부패 원인과 가장 관계가 깊은 것은?

① 습도 ② 냄새
③ 색도 ④ 광택

2 채소류를 매개로 감염될 수 있는 기생충이 아닌 것은?

① 회충 ② 유구조충
③ 구충 ④ 편충

3 쇠고기를 가열하지 않고 회로 먹을 때 생길 수 있는 가능성이 가장 큰 기생충은?

① 민촌충 ② 선모충
③ 유구조충 ④ 회충

4 간흡충증의 제2중간숙주는?

① 잉어 ② 쇠우렁이
③ 물벼룩 ④ 다슬기

5 4대 온열요소에 속하지 않는 것은?

① 기류 ② 기압
③ 기습 ④ 복사열

답안 표기란

6 ① ② ③ ④
7 ① ② ③ ④
8 ① ② ③ ④
9 ① ② ③ ④
10 ① ② ③ ④

6 일반적으로 생물화학적 산소요구량(BOD)과 용존산소량(DO)은 어떤 관계가 있는가?

① BOD가 높으면 DO도 높다.
② BOD가 높으면 DO는 낮다.
③ BOD와 DO는 항상 같다.
④ BOD와 DO는 무관하다.

7 소음으로 인한 피해와 거리가 먼 것은?

① 불쾌감 및 수면장애
② 작업능률 저하
③ 위장기능 저하
④ 맥박과 혈압의 저하

8 세균으로 인한 식중독 원인물질이 아닌 것은?

① 살모넬라균
② 장염비브리오균
③ 아플라톡신
④ 보툴리눔독소

9 황변미 중독은 14~15% 이상의 수분을 함유하는 저장미에서 발생하기 쉬운데 그 원인 미생물은?

① 곰팡이　　　　　　　② 세균
③ 효모　　　　　　　　④ 바이러스

10 감자의 발아 부위와 녹색 부위에 있는 자연독은?

① 에르고톡신　　　　　② 무스카린
③ 테트로도톡신　　　　④ 솔라닌

11 다음 중 치사율이 가장 높은 독소는?

① 삭시톡신　　　　　② 베네루핀

③ 테트로도톡신　　　④ 엔테로톡신

12 혐기상태에서 생산된 독소에 의해 신경증상이 나타나는 세균성 식중독은?

① 황색포도상구균 식중독

② 클로스트리디움 보툴리눔 식중독

③ 장염비브리오 식중독

④ 살모넬라 식중독

13 황색포도상구균에 의한 식중독 예방대책으로 적합한 것은?

① 토양의 오염을 방지하고 특히 통조림의 살균을 철저히 해야 한다.

② 쥐나 곤충 및 조류의 접근을 막아야 한다.

③ 어패류를 저온에서 보존하며 생식하지 않는다.

④ 화농성 질환자의 식품취급을 금지한다.

14 다음 중 살모넬라에 오염되기 쉬운 대표적인 식품은?

① 과실류　　　　　② 해초류

③ 난류　　　　　　④ 통조림

15 소독약과 유효한 농도의 연결이 적합하지 않은 것은?

① 알코올 – 5%　　　　② 과산화수소 – 3%

③ 석탄산 – 3%　　　　④ 승홍수 – 0.1%

16 병원체가 생활, 증식, 생존을 계속하여 인간에게 전파될 수 있는 상태로 저장되는 곳을 무엇이라 하는가?

① 숙주   ② 보균자

③ 환경   ④ 병원소

17 병원체가 바이러스(virus)인 질병은?

① 장티푸스   ② 결핵

③ 유행성 간염   ④ 발진열

18 매개곤충과 질병이 잘못 연결된 것은?

① 이 – 발진티푸스

② 쥐벼룩 – 페스트

③ 모기 – 사상충증

④ 벼룩 – 렙토스피라증

19 인수공통감염병으로 그 병원체가 세균인 것은?

① 일본뇌염   ② 공수병

③ 광견병   ④ 결핵

20 영업허가를 받아야 하는 업종은?

① 식품운반업

② 유흥주점영업

③ 식품제조가공업

④ 식품소분판매업

21 판매를 목적으로 하는 식품에 사용하는 기구, 용기, 포장의 기준과 규격을 정하는 기관은?

① 농림축산식품부

② 산업통상자원부

③ 보건소

④ 식품의약품안전처

22 식품의 조리 가공, 저장 중에 생성되는 유해물질 중 아민이나 아미드류와 반응하여 니트로소 화합물을 생성하는 성분은?

① 지질　　　　　　　② 아황산

③ 아질산염　　　　　④ 삼염화질소

23 중금속에 의한 중독과 증상을 바르게 연결한 것은?

① 납 중독 – 빈혈 등의 조혈장애

② 수은 중독 – 골연화증

③ 카드뮴 중독 – 흑피증, 각화증

④ 비소 중독 – 사지마비, 보행장애

24 다음 중 천연항산화제와 거리가 먼 것은?

① 토코페롤

② 스테비아 추출물

③ 플라본 유도체

④ 고시폴

25 규폐증과 관계가 먼 것은?

① 유리규산　　　　　② 암석가공업

③ 골연화증　　　　　④ 폐조직의 섬유화

답안 표기란

21	① ② ③ ④
22	① ② ③ ④
23	① ② ③ ④
24	① ② ③ ④
25	① ② ③ ④

답안 표기란

26 ① ② ③ ④
27 ① ② ③ ④
28 ① ② ③ ④
29 ① ② ③ ④
30 ① ② ③ ④

음식 안전관리

26 작업장 내에서 조리 작업자의 안전수칙으로 바르지 않은 것은?

① 안전한 자세로 조리
② 조리작업을 위해 편안한 조리복만 착용
③ 짐을 옮길 때 충돌 위험 감지
④ 뜨거운 용기를 이용할 때에는 장갑 사용

음식 재료관리

27 영양소에 대한 설명 중 틀린 것은?

① 영양소는 식품의 성분으로 생명현상과 건강을 유지하는 데 필요한 요소이다.
② 건강이라 함은 신체적, 정신적, 사회적으로 건전한 상태를 말한다.
③ 물은 체조직 구성 요소로서 보통 성인 체중의 2/3를 차지하고 있다.
④ 조절소란 열량을 내는 무기질과 비타민을 말한다.

28 알코올 1g당 열량산출 기준은?

① 0kcal   ② 4kcal
③ 7kcal   ④ 9kcal

29 효소적 갈변 반응을 방지하기 위한 방법이 아닌 것은?

① 가열하여 효소를 불활성화 시킨다.
② 효소의 최적조건을 변화시키기 위해 pH를 낮춘다.
③ 아황산가스 처리를 한다.
④ 산화제를 첨가한다.

30 다음 물질 중 동물성 색소는?

① 클로로필   ② 플라보노이드
③ 헤모글로빈   ④ 안토잔틴

답안 표기란

31	①	②	③	④
32	①	②	③	④
33	①	②	③	④
34	①	②	③	④
35	①	②	③	④

31 알칼로이드성 물질로 커피의 자극성을 나타내고 쓴맛에도 영향을 미치는 성분은?

① 주석산(tartaric acid)

② 카페인(caffein)

③ 탄닌(tannin)

④ 개미산(formic acid)

32 쌀에서 섭취한 전분이 체내에서 에너지를 발생하기 위해서 반드시 필요한 것은?

① 비타민 A   ② 비타민 B_1

③ 비타민 C   ④ 비타민 D

33 다음 중 비타민 D의 전구물질로 프로비타민 D로 불리는 것은?

① 프로게스테론(progesterone)

② 에르고스테롤(ergosterol)

③ 시토스테롤(sitosterol)

④ 스티그마스테롤(stigmasterol)

34 요오드값(iodine value)에 의한 식물성유의 분류로 맞는 것은?

① 건성유 – 올리브유, 우유유지, 땅콩기름

② 반건성유 – 참기름, 채종유, 면실유

③ 불건성유 – 아마인유, 해바라기유, 동유

④ 경화유 – 미강유, 야자유, 옥수수유

35 식품에 존재하는 물의 형태 중 자유수에 대한 설명으로 틀린 것은?

① 식품에서 미생물의 번식에 이용된다.

② −20℃에서도 얼지 않는다.

③ 100℃에서 증발하여 수증기가 된다.

④ 식품을 건조시킬 때 쉽게 제거된다.

36 다음 중 이당류가 아닌 것은?

① 설탕(sucrose)

② 유당(lactose)

③ 과당(fructose)

④ 맥아당(maltose)

37 인체 내에서 소화가 잘 안되며, 장내 가스 발생인자로 잘 알려진 대두에 존재하는 소당류는?

① 스타키오스(stachyose)

② 과당(fructose)

③ 포도당(glucose)

④ 유당(lactose)

음식 구매관리

38 고등어 150g을 돼지고기로 대체하려고 한다. 고등어의 단백질 함량을 고려했을 때 돼지고기는 약 몇 g 필요한가?(단, 고등어 100g당 단백질 함량 : 20.2g, 지질 : 10.4g, 돼지고기 100g당 단백질 함량 : 18.5g, 지질 : 13.9g)

① 137g　　　　　　② 152g

③ 164g　　　　　　④ 178g

39 다음 중 신선한 우유의 특징은?

① 투명한 백색으로 약간의 감미를 가지고 있다.

② 물이 담긴 컵 속에 한 방울 떨어뜨렸을 때 구름같이 퍼져가며 내려간다.

③ 진한 황색이며 특유한 냄새를 가지고 있다.

④ 알코올과 우유를 동량으로 섞었을 때 백색의 응고가 일어난다.

양식 기초 조리실무

40 주로 동결건조로 제조되는 식품은?

① 설탕
② 당면
③ 크림케이크
④ 분유

41 다음 중 식단 작성 시 고려해야 할 사항으로 옳지 않은 것은?

① 급식대상자의 영양 필요량
② 급식대상자의 기호성
③ 식단에 따른 종업원 및 필요기기의 활용
④ 한식의 메뉴인 경우 국(찌개), 주찬, 부찬, 주식, 김치류의 순으로 식단표 기재

42 다음 중 계량방법이 올바른 것은?

① 마가린을 잴 때는 실온일 때 계량컵에 꼭꼭 눌러 담고, 직선으로 된 칼이나 spatula로 깎아 계량한다.
② 밀가루를 잴 때는 측정 직전에 체로 친 뒤 눌러서 담아 직선 spatula로 깎아 측정한다.
③ 흑설탕을 측정할 때는 체로 친 뒤 누르지 말고 가만히 수북하게 담고 직선 spatula로 깎아 측정한다.
④ 쇼트닝을 계량할 때는 냉장 온도에서 계량컵에 꼭 눌러 담은 뒤, 직선 spatula로 깎아 측정한다.

43 채소를 냉동하기 전 블랜칭(blanching)하는 이유로 틀린 것은?

① 효소의 불활성화
② 미생물 번식의 억제
③ 산화반응 억제
④ 수분감소 방지

44 전자레인지의 주된 조리원리는?

① 복사 ② 전도

③ 대류 ④ 초단파

45 점성이 없고 보슬보슬한 매쉬드 포테이토(mashed potato)용 감자로 가장 알맞은 것은?

① 충분히 숙성한 분질의 감자

② 전분의 숙성이 불충분한 수확 직후의 햇감자

③ 소금 1컵 : 물 11컵의 소금물에서 표면에 뜨는 감자

④ 10℃ 이하의 찬 곳에 저장한 감자

46 유지류의 조리 이용 특성과 거리가 먼 것은?

① 열 전달매체로서의 튀김

② 밀가루 제품의 연화작용

③ 지방의 유화작용

④ 결합체로서의 응고성

47 어류의 부패 속도에 대하여 가장 올바르게 설명한 것은?

① 해수어가 담수어보다 쉽게 부패한다.

② 얼음물에 보관하는 것보다 냉장고에 보관하는 것이 더 쉽게 부패한다.

③ 토막을 친 것이 통째로 보관하는 것보다 쉽게 부패한다.

④ 어류는 비늘이 있어서 미생물의 침투가 육류에 비해 늦다.

답안 표기란

48	① ② ③ ④
49	① ② ③ ④
50	① ② ③ ④
51	① ② ③ ④
52	① ② ③ ④

48 난백으로 거품을 만들 때의 설명으로 옳은 것은?

① 레몬즙을 1~2방울 떨어뜨리면 거품 형성을 용이하게 한다.

② 지방은 거품 형성을 용이하게 한다.

③ 소금은 거품의 안정성에 기여한다.

④ 묽은 달걀보다 신선란이 거품 형성을 용이하게 한다.

49 우유의 카제인을 응고시킬 수 있는 것으로 되어있는 것은?

① 탄닌 – 레틴 – 설탕

② 식초 – 레닌 – 탄닌

③ 레닌 – 설탕 – 소금

④ 소금 – 설탕 – 식초

50 못처럼 생겨서 정향이라고도 하며 양고기, 피클, 청어절임, 마리네이드 절임 등에 이용되는 향신료는?

① 클로브   ② 코리엔더

③ 캐러웨이   ④ 아니스

51 아이스크림을 만들 때 굵은 얼음 결정이 형성되는 것을 막아 부드러운 질감을 갖게 하는 것은?

① 설탕   ② 달걀

③ 젤라틴   ④ 지방

52 냉동식품에 대한 설명으로 잘못된 것은?

① 어육류는 다듬은 후, 채소류는 데쳐서 냉동하는 것이 좋다.

② 어육류는 냉동이나 해동 시에 질감 변화가 나타나지 않는다.

③ 급속 냉동을 해야 식품 중의 물이 작은 크기의 얼음 결정을 형성 하여 조직의 파괴가 적게 된다.

④ 얼음 결정의 성장은 빙점 이하에서는 온도가 높을수록 빠르므로 −18℃ 부근에서 저장하는 것이 바람직하다.

53 전분 식품의 노화를 억제하는 방법으로 적합하지 않은 것은?

① 설탕을 첨가한다.

② 식품을 냉장 보관한다.

③ 식품의 수분함량을 15% 이하로 한다.

④ 유화제를 사용한다.

54 아밀로펙틴에 대한 설명으로 틀린 것은?

① 찹쌀은 아밀로펙틴으로만 구성되어 있다.

② 기본단위는 포도당이다.

③ a-1,4 결합과 a-1,6 결합으로 되어 있다.

④ 요오드와 반응하면 갈색을 띤다.

55 두류 조리 시 두류를 연화시키는 방법으로 틀린 것은?

① 1% 정도의 식염용액에 담갔다가 그 용액으로 가열한다.

② 초산용액에 담근 후 칼슘, 마그네슘이온을 첨가한다.

③ 약알칼리성의 중조수에 담갔다가 그 용액으로 가열한다.

④ 습열조리 시 연수를 사용한다.

양식조리

56 완성된 스톡이 맑지 않을 경우 그 이유와 해결책이 바르게 짝지어진 것은?

① 뼈가 충분히 태워지지 않음 – 미르포아를 추가로 더 넣는다.

② 이물질이 있음 – 스톡을 다시 조리한다.

③ 뼈와 물과의 불균형 – 뼈를 추가로 더 넣는다.

④ 조리 시 불 조절 실패 – 찬물에서 스톡 조리를 시작한다.

57 샐러드의 기본 구성에 해당하지 않는 것은?

① 바탕(base)

② 본체(body)

③ 드레싱(dressing)

④ 콩디망(condiments)

58 더운 시리얼로 귀리에 우유를 넣고 죽처럼 끓인 음식은?

① 올 브랜

② 오트밀

③ 레이진 브랜

④ 콘프레이크

59 뵈르 블랑 소스를 냉장고에 보관했더니 버터와 수분이 분리되었다. 이 상태를 다시 원상복구하는 방법으로 알맞은 것은?

① 소스를 냄비에 두고 높은 온도로 빠르게 가열한다.

② 중탕으로 다시 녹여준다.

③ 약간의 생크림을 냄비에 두르고 소스를 조금씩 넣어 섞는다.

④ 우유를 넣고 서서히 섞일 때까지 끓여 준다.

60 일반적으로 비네그레트에 들어가는 기름과 식초의 비율은?

① 1:1

② 1:2

③ 2:1

④ 3:1

양식조리기능사 필기 모의고사 ❺

수험번호 :

수험자명 :

제한 시간 : 60분
남은 시간 : 60분

글자
크기
100% 150% 200%

화면
배치

전체 문제 수 : 60
안 푼 문제 수 :

음식 위생관리

1 식품의 변화현상에 대한 설명 중 틀린 것은?

① 산패 : 유지식품의 지방질 산화
② 발효 : 화학물질에 의한 유기화합물의 분해
③ 변질 : 식품의 품질 저하
④ 부패 : 단백질과 유기물이 부패미생물에 의해 분해

2 다음 중 대장균의 최적 증식 온도 범위는?

① 0~5℃
② 5~10℃
③ 30~40℃
④ 55~75℃

3 오염된 토양에서 맨발로 작업할 경우 감염될 수 있는 기생충은?

① 회충
② 간흡충
③ 폐흡충
④ 구충

4 광절열두조충의 중간숙주(제1중간숙주–제2중간숙주)와 인체 감염 부위는?

① 다슬기 – 가재 – 폐
② 물벼룩 – 연어 – 소장
③ 왜우렁이 – 붕어 – 간
④ 다슬기 – 은어 – 소장

5 구충·구서의 일반 원칙과 가장 거리가 먼 것은?

① 구제 대상 동물의 발생원을 제거한다.

② 대상 동물의 생태, 습성에 따라 실시한다.

③ 광범위하게 동시에 실시한다.

④ 성충시기에 구제한다.

6 하천수에 용존산소가 적다는 것은 무엇을 의미하는가?

① 유기물 등이 잔류하여 오염도가 높다.

② 물이 비교적 깨끗하다.

③ 오염과 무관하다.

④ 호기성 미생물과 어패류의 생존에 좋은 환경이다.

7 대기오염 물질로 산성비의 원인이 되며 달걀이 썩는 자극성 냄새가 나는 기체는?

① 일산화탄소(CO)

② 이산화황(SO_2)

③ 이산화질소(NO_2)

④ 이산화탄소(CO_2)

8 식품위생법상 식중독 환자를 진단한 의사는 누구에게 이 사실을 제일 먼저 보고하여야 하는가?

① 보건복지부장관

② 경찰서장

③ 보건소장

④ 관할 시장·군수·구청장

9 감염형 세균성 식중독에 해당하는 것은?

① 살모넬라 식중독

② 수은 식중독

③ 클로스트리디움 보툴리눔 식중독

④ 아플라톡신 식중독

10 장염비브리오균 식중독에 대한 예방법이 아닌 것은?

① 비브리오 중독 유행기에는 어패류를 생식하지 않는다.

② 저온 저장하여 균의 증식을 억제한다.

③ 식품을 먹기 전에 충분히 가열한다.

④ 쥐, 바퀴벌레, 파리가 매개체이므로 해충을 구제한다.

11 사시, 동공확대, 언어장해 등의 특유의 신경마비증상을 나타내며 비교적 높은 치사율을 보이는 식중독 원인균은?

① 클로스트리디움 보툴리눔균

② 포도상구균

③ 병원성 대장균

④ 셀레우스균

12 복어와 모시조개 섭취 시 식중독을 유발하는 독성물질을 순서대로 나열한 것은?

① 엔테로톡신, 사포닌

② 테트로도톡신, 베네루핀

③ 테트로도톡신, 듀린

④ 엔테로톡신, 아플라톡신

13 다음 중 히스타민제 복용으로 치료되는 식중독은?

① 살모넬라 식중독

② 알레르기성 식중독

③ 병원성 대장균 식중독

④ 장염비브리오 식중독

14 분자식 KMnO$_4$이며, 산화력에 의한 소독 효과를 가지는 것은?

① 크레졸　　　　　　② 석탄산

③ 과망간산칼륨　　　④ 알코올

15 식품첨가물이 갖추어야 할 조건으로 옳지 않은 것은?

① 식품에 나쁜 영향을 주지 않을 것

② 다량 사용하였을 때 효과가 나타날 것

③ 상품의 가치를 향상시킬 것

④ 식품 성분 등에 의해서 그 첨가물을 확인할 수 있을 것

16 다음 식품첨가물 중 유지의 산화방지제는?

① 소프빈산칼륨

② 차아염소산나트륨

③ 몰식자산프로필

④ 아질산나트륨

17 에탄올 발효 시 생성되는 메탄올의 가장 심각한 중독 증상은?

① 구토　　　　　　② 경기

③ 실명　　　　　　④ 환각

답안 표기란

13 ① ② ③ ④

14 ① ② ③ ④

15 ① ② ③ ④

16 ① ② ③ ④

17 ① ② ③ ④

답안 표기란

18 ① ② ③ ④
19 ① ② ③ ④
20 ① ② ③ ④
21 ① ② ③ ④
22 ① ② ③ ④

18 식품위생법상 기구로 분류되지 않는 것은?

① 도마   ② 수저

③ 탈곡기   ④ 도시락 통

19 식품위생법규상 판매 등이 금지되고 가축 전체를 이용하지 못하는 질병은?

① 선모충증   ② 회충증

③ 폐기종   ④ 방선균증

20 식품 등의 표시기준에 의한 성분명 및 함량의 표시대상 성분이 아닌 영양성분은?(단, 강조표시를 하고자 하는 영양성분은 제외)

① 트랜스지방   ② 나트륨

③ 콜레스테롤   ④ 불포화지방

21 다음 중 무상 수거 대상 식품에 해당하지 않는 것은?

① 출입검사의 규정에 의하여 검사에 필요한 식품 등을 수거할 때

② 유통 중인 부정, 불량식품 등을 수거할 때

③ 도소매 업소에서 판매하는 식품 등을 시험검사용으로 수거할 때

④ 수입식품 등을 검사할 목적으로 수거할 때

22 감염병의 병원체를 내포하고 있어 감수성 숙주에게 병원체를 전파시킬 수 있는 근원이 되는 모든 것을 의미하는 용어는?

① 감염경로   ② 병원소

③ 감염원   ④ 미생물

23 음료수의 오염과 가장 관계 깊은 감염병은?

① 홍역   ② 백일해

③ 발진티푸스   ④ 장티푸스

24 모기가 매개하는 감염병이 아닌 것은?

① 황열   ② 일본뇌염

③ 장티푸스   ④ 사상충증

25 식품 등의 위생적 취급에 관한 기준으로 틀린 것은?

① 어류와 육류를 취급하는 칼·도마는 구분하지 않아도 된다.

② 유통기한이 경과된 식품 등을 판매하거나 판매의 목적으로 진열·보관하여서는 아니 된다.

③ 식품원료 중 부패·변질되기 쉬운 것은 냉동·냉장시설에 보관·관리하여야 한다.

④ 식품의 조리에 직접 사용되는 기구는 사용 후에 세척 및 살균하는 등 항상 청결하게 유지·관리하여야 한다.

26 직업과 직업병과의 연결이 옳지 않은 것은?

① 용접공 – 백내장

② 인쇄공 – 진폐증

③ 채석공 – 규폐증

④ 용광로공 – 열쇠약

음식 안전관리

27 다음은 전기안전에 관한 내용이다. 틀린 것은?

① 1개의 콘센트에 여러 개의 선을 연결하지 않는다.

② 물 묻은 손으로 전기기구를 만지지 않는다.

③ 전열기 내부는 물을 뿌려 깨끗이 청소한다.

④ 플러그를 콘센트에서 뺄 때는 줄을 잡아당기지 말고 콘센트를 잡고 뺀다.

답안 표기란

23 ① ② ③ ④
24 ① ② ③ ④
25 ① ② ③ ④
26 ① ② ③ ④
27 ① ② ③ ④

답안 표기란

28 ① ② ③ ④
29 ① ② ③ ④
30 ① ② ③ ④
31 ① ② ③ ④
32 ① ② ③ ④

음식 재료관리

28 식품의 수분활성도(Aw)를 올바르게 설명한 것은?

① 임의의 온도에서 식품이 나타내는 수증기압에 대한 같은 온도에 있어서 순수한 물의 수증기압의 비율

② 임의의 온도에서 식품이 나타내는 수증기압

③ 임의의 온도에서 식품의 수분함량

④ 임의의 온도에서 식품과 동량의 순수한 물의 최대수증기압

29 단백질의 변성 요인 중 그 효과가 가장 적은 것은?

① 가열　　　　　　　　② 산

③ 건조　　　　　　　　④ 산소

30 다음 중 5탄당은?

① 갈락토오스(galactose)

② 만노오스(mannose)

③ 크실로오스(xylose)

④ 프럭토오스(fructose)

31 다음 중 필수지방산이 아닌 것은?

① 리놀레산　　　　　　② 스테아르산

③ 리놀렌산　　　　　　④ 아라키돈산

32 칼슘과 단백질의 흡수를 돕고 정장 효과가 있는 당은?

① 설탕　　　　　　　　② 과당

③ 유당　　　　　　　　④ 맥아당

33 다음 중 알칼리성 식품의 성분에 해당하는 것은?

① 유즙의 칼슘(Ca)

② 생선의 유황(S)

③ 곡류의 염소(Cl)

④ 육류의 산소(O)

34 지방산의 불포화도에 의해 값이 달라지는 것으로 짝지어진 것은?

① 융점, 산가

② 검화가, 요오드가

③ 산가, 유화가

④ 융점, 요오드가

35 4가지 기본적이 맛이 아닌 것은?

① 단맛   ② 신맛

③ 떫은맛   ④ 쓴맛

36 오이나 배추의 녹색이 김치를 담갔을 때 점차 갈색을 띠게 되는데 이 것은 어떤 색소의 변화 때문인가?

① 카로티노이드   ② 클로로필

③ 안토시아닌   ④ 안토잔틴

37 영양소와 해당 소화효소의 연결이 잘못된 것은?

① 단백질 – 트립신

② 탄수화물 – 아밀라아제

③ 지방 – 리파아제

④ 설탕 – 말타아제

답안 표기란				
33	①	②	③	④
34	①	②	③	④
35	①	②	③	④
36	①	②	③	④
37	①	②	③	④

답안 표기란				
38	①	②	③	④
39	①	②	③	④
40	①	②	③	④
41	①	②	③	④
42	①	②	③	④

38 참기름이 다른 유지류보다 산패에 대하여 비교적 안정성이 큰 이유는 어떤 성분 때문인가?

① 레시틴(lecithin)

② 세사몰(sesamol)

③ 고시폴(gossypol)

④ 인지질(phospholipid)

음식 구매관리

39 감자 100g이 72kcal의 열량을 낼 때 감자 450g은 얼마의 열량을 공급하는가?

① 234kcal　　　　② 284kcal

③ 324kcal　　　　④ 384kcal

40 가식부율이 70%인 식품의 출고계수는?

① 1.25　　　　② 1.43

③ 1.64　　　　④ 2.007

양식 기초 조리실무

41 마가린, 쇼트닝, 튀김유 등은 식물성 유지에 무엇을 첨가하여 만드는가?

① 염소　　　　② 산소

③ 탄소　　　　④ 수소

42 토마토 크림수프를 만들 때 일어나는 우유의 응고 현상을 바르게 설명한 것은?

① 산에 의한 응고

② 당에 의한 응고

③ 효소에 의한 응고

④ 염에 의한 응고

43 다음 중 급식소의 배수시설에 대한 설명으로 옳은 것은?

① S트랩은 수조형에 속한다.

② 배수를 위한 물매는 1/10 이상으로 한다.

③ 찌꺼기가 많은 경우는 곡선형 트랩이 적합하다.

④ 트랩을 설치하면 하수도로부터의 악취를 방지할 수 있다.

44 조리기기 및 기구와 그 용도의 연결이 틀린 것은?

① 필러(peeler) : 채소의 껍질을 벗길 때

② 믹서(mixer) : 재료를 혼합할 때

③ 슬라이서(slicer) : 채소를 다질 때

④ 육류파우더(meat pounder) : 육류를 연화시킬 때

45 샌드위치를 만들고 남은 식빵을 냉장고에 보관할 때 식빵이 딱딱해지는 원인물질과 그 현상은?

① 단백질 – 젤화

② 지방 – 산화

③ 전분 – 노화

④ 전분 – 호화

46 전분의 호정화에 대한 설명으로 옳지 않은 것은?

① 호정화란 화학적 변화가 일어난 것이다.

② 호화된 전분보다 물에 녹기 쉽다.

③ 전분을 150~190℃에서 물을 붓고 가열할 때 나타나는 변화이다.

④ 호정화되면 덱스트린이 생성된다.

47 열원의 사용방법에 따라 직접구이와 간접구이로 분류할 때 직접구이에 속하는 것은?

① 오븐을 사용하는 방법
② 프라이팬에 기름을 두르고 굽는 방법
③ 숯불 위에서 굽는 방법
④ 철판을 이용하여 굽는 방법

48 녹색채소를 데칠 때 색을 선명하게 하기 위한 조리방법으로 부적합한 것은?

① 휘발성 유기산을 휘발시키기 위해 뚜껑을 열고 끓는 물에 데친다.
② 산을 희석시키기 위해 조리수를 다량 사용하여 데친다.
③ 섬유소가 알맞게 연해지면 가열을 중지하고 냉수에 헹군다.
④ 조리수의 양을 최소로 하여 색소의 유출을 막는다.

49 식품의 풍미를 증진시키는 방법으로 적합하지 않은 것은?

① 부드러운 채소 조리 시 그 맛을 제대로 유지하려면 조리시간을 단축해야 한다.
② 빵을 갈색이 나게 잘 구우려면 건열로 갈색반응이 일어날 때까지 충분히 구워야 한다.
③ 사태나 양지머리와 같은 질긴 고기의 국물을 맛있게 맛을 내기 위해서는 약한 불에 서서히 끓인다.
④ 빵은 증기로 찌거나 전자 오븐으로 시간을 단축시켜 조리한다.

50 우리 음식의 갈비찜을 하는 조리법과 비슷하여 오랫동안 은근한 불에 끓이는 서양식 조리법은?

① 브로일링   ② 로스팅
③ 팬브로일링   ④ 스튜잉

51 박력분에 대한 설명으로 맞는 것은?

① 경질의 밀로 만든다.

② 다목적으로 사용된다.

③ 탄력성과 점성이 약하다.

④ 마카로니, 식빵 제조에 알맞다.

52 식품구입 시의 감별방법으로 틀린 것은?

① 육류가공품인 소시지의 색은 담홍색이며 탄력성이 없는 것

② 밀가루는 잘 건조되고 덩어리가 없으며 냄새가 없는 것

③ 감자는 굵고 상처가 없으며 발아되지 않은 것

④ 생선은 탄력이 있고 아가미는 선홍색이며 눈알이 맑은 것

53 식품을 계량하는 방법으로 틀린 것은?

① 밀가루 계량은 부피보다 무게가 더 정확하다.

② 흑설탕은 계량 전 체로 친 다음 계량한다.

③ 고체 지방은 계량 후 고무주걱으로 잘 긁어 옮긴다.

④ 꿀같이 점성이 있는 것은 계량컵을 이용한다.

54 설탕 용액이 캐러멜로 되는 일반적인 온도는?

① 50~60℃

② 70~80℃

③ 100~110℃

④ 160~180℃

55 전분에 대한 설명으로 틀린 것은?

① 찬물에 쉽게 녹지 않는다.

② 달지는 않으나 온화한 맛을 준다.

③ 동물 체내에 저장되는 탄수화물로 열량을 공급한다.

④ 가열하면 팽윤되어 점성을 갖는다.

56 복합조리방법으로 알맞은 것은?

① boiling
② stewing
③ simmering
④ gratinating

57 파스타를 삶을 때 주의할 점으로 옳지 않은 것은?

① 알맞은 소금의 첨가는 풍미를 살려주고 면에 탄력을 준다.
② 파스타 면을 삶은 후 바로 사용해야 한다.
③ 파스타를 삶는 냄비는 깊이가 있어야 하며 물은 파스타 양의 2배 정도가 알맞다.
④ 면수는 파스타 소스의 농도를 잡아주고 올리브유가 분리되지 않고 유화될 수 있도록 한다.

58 기본 소스 중 색이 흰색인 소스는?

① 베샤멜 소스(bechamel sauce)
② 에스파뇰 소스(espagnole sauce)
③ 홀렌다이즈 소스(hollandaise sauce)
④ 토마토 소스(tomato sauce)

59 파스타 면이 씹히는 정도가 느껴질 정도로 삶은 정도를 의미하는 용어는?

① 알덴테
② 가니쉬
③ 오레키에테
④ 블랜칭

60 맑은 스톡을 사용하여 농축하지 않은 맑은 수프는?

① 콘소메(consomme)
② 크림수프(cream soup)
③ 차우더(chowder)
④ 포타주(potage)

양식조리기능사 필기 모의고사 ❻

수험번호 :

수험자명 :

 제한 시간 : **60분**
남은 시간 : 60분

글자
크기

화면
배치

전체 문제 수 : 60
안 푼 문제 수 :

답안 표기란

1 ① ② ③ ④

2 ① ② ③ ④

3 ① ② ③ ④

4 ① ② ③ ④

음식 위생관리

1 식품위생법령상에 명시된 식품위생감시원의 직무가 아닌 것은?
① 과대광고 금지의 위반 여부에 관한 단속
② 조리사, 영양사의 법령준수사항 이행여부 확인지도
③ 생산 및 품질관리 일지의 작성 및 비치
④ 시설기준의 적합 여부의 확인검사

2 식품위생법령상 집단급식소는 상시 1회 몇 명 이상에게 식사를 제공하는 급식소를 의미하는가?
① 20인 　　　　　　② 30인
③ 40인 　　　　　　④ 50인

3 식품위생법규상 수입식품 검사결과 부적합한 식품 등에 대하여 취하여지는 조치가 아닌 것은?
① 수출국으로의 반송
② 식용외의 다른 용도로의 전환
③ 관할 보건소에서 재검사 실시
④ 다른 나라로의 반출

4 허위표시 및 과대광고의 범위에 해당되지 않는 것은?
① 제조방법에 관하여 연구 또는 발견한 사실로서 식품학, 영양학 등의 분야에서 공인된 사항의 표시광고
② 외국어의 사용 등으로 외국제품으로 혼동할 우려가 있는 표시광고
③ 질병의 치료에 효능이 있다는 내용 또는 의약품으로 혼동할 우려가 있는 내용의 표시광고
④ 다른 업소의 제품을 비방하거나 비방하는 것으로 의심되는 광고

5 식품 속에 분변이 오염되었는지의 여부를 판별할 때 이용하는 지표균은?

① 장티푸스균 ② 살모넬라균
③ 이질균 ④ 대장균

6 세균성 식중독 중에서 독소형은?

① 포도상구균 식중독
② 장염비브리오균 식중독
③ 살모넬라 식중독
④ 리스테리아 식중독

7 다음 중 유해성 표백제는?

① 롱가릿 ② 아우라민
③ 포름알데히드 ④ 사이클라메이트

8 식중독을 일으키는 버섯의 독성분은?

① 아마니타톡신 ② 엔테로톡신
③ 솔라닌 ④ 아트로핀

9 화학물질에 의한 식중독으로 일반 중독증상과 시신경의 염증으로 실명의 원인이 되는 물질은?

① 납 ② 수은
③ 메틸알코올 ④ 청산

답안 표기란

5 ① ② ③ ④
6 ① ② ③ ④
7 ① ② ③ ④
8 ① ② ③ ④
9 ① ② ③ ④

10 용어에 대한 설명 중 틀린 것은?

① 소독 : 병원성 세균을 제거하거나 감염력을 없애는 것

② 멸균 : 모든 세균을 제거하는 것

③ 방부 : 모든 세균을 완전히 제거하여 부패를 방지하는 것

④ 자외선 살균 : 살균력이 가장 큰 250~260nm의 파장을 써서 미생물을 제거하는 것

11 식품에서 흔히 볼 수 있는 푸른곰팡이는?

① 누룩곰팡이속

② 페니실리움속

③ 거미줄곰팡이속

④ 푸사리움속

12 우리나라에서 허가되어 있는 발색제가 아닌 것은?

① 질산칼륨   ② 질산나트륨

③ 아질산나트륨   ④ 삼염화질소

13 우유의 살균처리방법 중 다음과 같은 살균처리는?

> **보기** 71.1~75℃로 15~30초간 가열처리하는 방법

① 저온살균법

② 초저온살균법

③ 고온단시간살균법

④ 초고온살균법

14 감각온도(체감온도)의 3요소에 속하지 않는 것은?

① 기온   ② 기습

③ 기압   ④ 기류

답안 표기란

10	① ② ③ ④
11	① ② ③ ④
12	① ② ③ ④
13	① ② ③ ④
14	① ② ③ ④

답안 표기란

15 ① ② ③ ④

16 ① ② ③ ④

17 ① ② ③ ④

18 ① ② ③ ④

19 ① ② ③ ④

15 감염병과 감염경로의 연결이 틀린 것은?

① 성병 – 직접접촉

② 폴리오 – 공기전염

③ 결핵 – 개달물 전염

④ 파상풍 – 토양전염

16 다음 중 잠복기가 가장 긴 감염병은?

① 한센병   ② 파라티푸스

③ 콜레라   ④ 디프테리아

17 다음 중 돼지고기에 의해 감염될 수 있는 기생충은?

① 선모충   ② 간흡충

③ 편충   ④ 아니사키스충

18 일반적으로 사용되는 소독약의 희석농도로 가장 부적합한 것은?

① 알코올 : 75% 에탄올

② 승홍수 : 0.01%의 수용액

③ 크레졸 : 3~5%의 비누액

④ 석탄산 : 3~5%의 수용액

19 일반적으로 생물화학적 산소요구량(BOD)과 용존산소량(DO)은 어떤 관계가 있는가?

① BOD가 높으면 DO도 높다.

② BOD가 높으면 DO는 낮다.

③ BOD와 DO는 항상 같다.

④ BOD와 DO는 무관하다.

답안 표기란

20 ① ② ③ ④
21 ① ② ③ ④
22 ① ② ③ ④
23 ① ② ③ ④
24 ① ② ③ ④

20 다음 중 소분·판매할 수 있는 식품은?

① 어육제품　　　　　　② 빵가루

③ 과당　　　　　　　　④ 레토르트 식품

21 폐흡충증의 제1, 2중간숙주가 순서대로 옳게 나열된 것은?

① 왜우렁이, 붕어　　　② 다슬기, 참게

③ 물벼룩, 가물치　　　④ 왜우렁이, 송어

22 소독제의 살균력을 비교하기 위해서 이용되는 소독약은?

① 석탄산　　　　　　　② 크레졸

③ 과산화수소　　　　　④ 알코올

23 중국에서 수입한 배추(절임 배추 포함)를 사용하여 국내에서 배추김치로 조리하여 판매하는 경우, 메뉴판 및 게시판에 표시하여야 하는 원산지 표시 방법은?

① 배추김치(중국산)

② 배추김치(배추 중국산)

③ 배추김치(국내산과 중국산을 섞음)

④ 배추김치(국내산)

음식 안전관리

24 화재 시 대처요령으로 바르지 않은 것은?

① 화재 발생 시 큰소리로 주위에 먼저 알린다.

② 소화기 사용방법과 장소를 미리 숙지하여 소화기로 불을 끈다.

③ 신속히 원인 물질을 찾아 제거하도록 한다.

④ 몸에 불이 붙었을 경우 움직이면 불길이 더 커지므로 가만히 조치를 기다린다.

음식 재료관리

25 마늘에 함유된 황화합물로 특유의 냄새를 가지는 성분은?

① 알리신(allicin)

② 디메틸설파이드(dimethyl sulfide)

③ 머스타드 오일(mustard oil)

④ 캡사이신(capsaicin)

26 새우나 게 등의 갑각류에 함유되어 있으며 가열되면 적색을 띠는 색소는?

① 안토시아닌(anthocyanin)

② 아스타산틴(astaxanthin)

③ 클로로필(chlorophyll)

④ 멜라닌(melanin)

27 강한 환원력이 있어 식품 가공에서 갈변이나 향이 변하는 산화반응을 억제하는 효과가 있으며, 안전하고 실용성이 높은 산화방지제로 사용되는 것은?

① 티아민(thiamin)

② 나이아신(niacin)

③ 리보플라빈(riboflavin)

④ 아스코르빈산(ascorbic acid)

28 탄수화물 대사 조효소로 작용하는 것은?

① 티아민

② 레티놀

③ 칼시페롤

④ 아스코르브산

29 식품의 산성 및 알칼리성을 결정하는 기준 성분은?

① 필수지방산 존재 여부

② 필수아미노산 존재 유무

③ 구성 탄수화물

④ 구성 무기질

30 불건성유에 속하는 것은?

① 들기름　　　　　　② 땅콩기름

③ 대두유　　　　　　④ 옥수수기름

31 다음 중 단맛의 강도가 가장 강한 당류는?

① 설탕　　　　　　② 젖당

③ 포도당　　　　　　④ 과당

32 다음 중 필수지방산이 아닌 것은?

① 리놀레산(linoleic acid)

② 스테아르산(stearic acid)

③ 리놀렌산(linolenic acid)

④ 아라키돈산(arachidonic acid)

33 식품의 갈변 현상 중 성질이 다른 것은?

① 고구마 절단면의 변색

② 홍차의 적색

③ 간장의 갈색

④ 다진 양송이의 갈색

답안 표기란

29　① ② ③ ④

30　① ② ③ ④

31　① ② ③ ④

32　① ② ③ ④

33　① ② ③ ④

답안 표기란

34	① ② ③ ④
35	① ② ③ ④
36	① ② ③ ④
37	① ② ③ ④
38	① ② ③ ④

음식 구매관리

34 다음 중 원가의 구성으로 틀린 것은?

① 직접원가 = 직접재료비 + 직접노무비 + 직접경비

② 제조원가 = 직접원가 + 제조간접비

③ 총원가 = 제조원가 + 판매경비 + 일반관리비

④ 판매가격 = 총원가 + 판매경비

35 식품구매 시 폐기율을 고려한 총 발주량을 구하는 식은?

① 총 발주량 = (100 − 폐기율) × 100 × 인원수

② 총 발주량 = [(정미중량 − 폐기율)/(100 − 가식률)] × 100

③ 총 발주량 = (1인당 사용량 − 폐기율) × 인원수

④ 총 발주량 = [정미중량/(100 − 폐기율)] × 100 × 인원수

양식 기초 조리실무

36 일반적으로 젤라틴이 사용되지 않는 것은?

① 양갱   ② 아이스크림

③ 마시멜로   ④ 족편

37 해조류에서 추출한 성분으로 식품에 점성을 주고 안정제, 유화제로서 널리 이용되는 것은?

① 알긴산(alginic acid)

② 펙틴(pectin)

③ 젤라틴(gelatin)

④ 이눌린(inulin)

38 홍조류에 속하며 무기질이 골고루 함유되어 있고 단백질도 많이 함유된 해조류는?

① 김   ② 미역

③ 파래   ④ 다시마

39 조미료의 침투속도와 채소의 색을 고려할 때 조미료 사용 순서가 가장 합리적인 것은?

① 소금 → 설탕 → 식초
② 설탕 → 소금 → 식초
③ 소금 → 식초 → 설탕
④ 식초 → 소금 → 설탕

40 대표적인 콩 단백질인 글로불린(globulin)이 가장 많이 함유하고 있는 성분은?

① 글리시닌(glycinin)
② 알부민(albumin)
③ 글루텐(gluten)
④ 제인(zein)

41 신선한 달걀의 감별법 중 틀린 것은?

① 햇빛(전등)에 비출 때 공기집의 크기가 작다.
② 흔들 때 내용물이 흔들리지 않는다.
③ 6%의 소금물에 넣어서 떠오른다.
④ 깨뜨려 접시에 놓으면 노른자가 볼록하고 흰자의 점도가 높다.

42 어패류 조리방법 중 틀린 것은?

① 조개류는 낮은 온도에서 서서히 조리하여야 단백질의 급격한 응고로 인한 수축을 막을 수 있다.
② 생선은 결체조직의 함량이 높으므로 주로 습열조리법을 사용해야 한다.
③ 생선조리 시 식초를 넣으면 생선이 단단해진다.
④ 생선조리에 사용하는 파, 마늘은 비린내 제거에 효과적이다.

43 생선의 육질이 육류보다 연한 주 이유는?

① 콜라겐과 엘라스틴의 함량이 적으므로

② 미오신과 액틴의 함량이 많으므로

③ 포화지방산의 함량이 많으므로

④ 미오글로빈 함량이 적으므로

44 고기의 질감을 연하게 하는 단백질 분해효소와 가장 거리가 먼 것은?

① 파파인(papain)

② 브로멜린(bromelain)

③ 펩신(pepsin)

④ 글리코겐(glycogen)

45 육류의 사후경직 후 숙성 과정에서 나타나는 현상이 아닌 것은?

① 근육의 경직상태 해제

② 효소에 의한 단백질 분해

③ 아미노산질소 증가

④ 액토미오신의 합성

46 유지의 발연점이 낮아지는 원인이 아닌 것은?

① 유리지방산의 함량이 낮은 경우

② 튀김하는 그릇의 표면적이 넓은 경우

③ 기름에 이물질이 많이 들어 있는 경우

④ 오래 사용하여 기름이 지나치게 산패된 경우

47 대두에 관한 설명으로 틀린 것은?

① 콩 단백질의 주요 성분인 글리시닌은 글로불린에 속한다.

② 아미노산의 조성은 메티오닌, 시스테인이 많고 리신, 트립토판이 적다.

③ 날콩에는 트립신 저해제가 함유되어 생식할 경우 단백질 효율을 저하시킨다.

④ 두유에 염화마그네슘이나 탄산칼슘을 첨가하여 단백질을 응고시킨 것이 두부이다.

48 전분의 노화에 영향을 미치는 인자의 설명 중 틀린 것은?

① 노화가 가장 잘 일어나는 온도는 0~5℃이다.

② 수분함량 10% 이하인 경우 노화가 잘 일어나지 않는다.

③ 다량의 수소이온은 노화를 저지한다.

④ 아밀로오스 함량이 많은 전분일수록 노화가 빨리 일어난다.

49 조리장의 설비 및 관리에 대한 설명 중 틀린 것은?

① 조리장 내에는 배수시설이 잘되어야 한다.

② 하수구에는 덮개를 설치한다.

③ 폐기물 용기는 목재 재질을 사용한다.

④ 폐기물 용기는 덮개가 있어야 한다.

50 다음 중 조리를 하는 목적으로 적합하지 않은 것은?

① 소화흡수율을 높여 영양효과를 증진

② 식품 자체의 부족한 영양성분을 보충

③ 풍미, 외관을 향상시켜 기호성을 증진

④ 세균 등의 위해요소로부터 안전성 확보

51 우유를 응고시키는 요인과 거리가 먼 것은?

① 가열   ② 레닌(rennin)

③ 산   ④ 당류

답안 표기란				
47	①	②	③	④
48	①	②	③	④
49	①	②	③	④
50	①	②	③	④
51	①	②	③	④

52 강력분을 사용하지 않는 것은?

① 케이크   ② 식빵

③ 마카로니   ④ 피자

53 식품의 냄새 성분과 소재식품의 연결이 잘못된 것은?

① 미르신(myrcene) – 미나리

② 멘톨(menthol) – 박하

③ 푸르푸릴알콜(furfuryl alcohol) – 커피

④ 메틸메르캅탄(methyl mercaptan) – 후추

54 온도가 미각에 영향을 미치는 현상에 대한 설명으로 틀린 것은?

① 온도가 상승함에 따라 단맛에 대한 반응이 증가한다.

② 쓴맛은 온도가 높을수록 강하게 느껴진다.

③ 신맛은 온도변화에 거의 영향을 받지 않는다.

④ 짠맛은 온도가 높을수록 최소감량이 늘어난다.

55 단백질에 관한 설명 중 옳은 것은?

① 인단백질은 단순단백질에 인산이 결합한 단백질이다.

② 지단백질은 단순단백질에 당이 결합한 단백질이다.

③ 당단백질은 단순단백질에 지방이 결합한 단백질이다.

④ 핵단백질은 단순단백질 또는 복합단백질이 화학적 또는 산소에 의해 변화된 단백질이다.

답안 표기란

56 ① ② ③ ④
57 ① ② ③ ④
58 ① ② ③ ④
59 ① ② ③ ④
60 ① ② ③ ④

양식조리

56 마요네즈 소스의 특징으로 옳지 않은 것은?

① 달걀을 실온 상태로 사용해야 실패가 적다.

② 레몬, 식초, 후추, 소금을 먼저 넣어 섞으면 재료가 엉겨 붙지 않는다.

③ 난황에 식초, 소금, 유지를 첨가하여 응고시킨 반고체 상태의 소스이다.

④ 만들 때 노른자는 1개만 사용하고 작은 볼을 사용하여 만든다.

57 소고기 부위 중 스테이크 조리에 적합하지 않은 부위는?

① 등심(loin) ② 안심(tenderloin)
③ 양지(brisket) ④ 우둔(round)

58 전채 요리를 접시에 담을 때 고려사항으로 적절하지 않은 것은?

① 전채 요리의 재료별 특성을 이해하고 적당한 공간을 두고 담는다.

② 전채 요리에 일정한 간격과 질서를 두고 담는다.

③ 전채 요리의 양과 크기는 주요리와 비슷하게 담는다.

④ 전채 요리의 색깔과 맛, 풍미, 온도에 유의하여 담는다.

59 샌드위치 조리 시 버터, 머스터드, 마요네즈 등을 스프레드(spread)하는 주된 목적은?

① 수분이 빵에 흡수되어 눅눅해지는 것을 방지하기 위해

② 사용되는 빵에 따라 맛을 풍부하게 하기 위해

③ 열량을 높여 포만감을 주기 위해

④ 색상이 잘 어울리도록 하기 위해

60 습열조리방법이 아닌 것은?

① baking ② steaming
③ glazing ④ simmering

양식조리기능사 필기 모의고사 ❼

수험번호 :

수험자명 :

 제한 시간 : 60분
남은 시간 : 60분

글자
크기   화면
배치

전체 문제 수 : 60
안 푼 문제 수 :

답안 표기란

1	① ② ③ ④
2	① ② ③ ④
3	① ② ③ ④
4	① ② ③ ④

음식 위생관리

1 다음 중 일반적으로 복어의 독성분인 테트로도톡신이 가장 많은 부위는?

① 근육 ② 피부
③ 난소 ④ 껍질

2 감염형 세균성 식중독에 해당하는 것은?

① 살모넬라 식중독
② 수은 식중독
③ 클로스트리디움 보툴리눔 식중독
④ 아플라톡신 식중독

3 알레르기 식중독에 관계되는 원인물질과 균은?

① 단백질, 살모넬라균
② 뉴로톡신, 장염비브리오균
③ 엔테로톡신, 포도상구균
④ 히스타민, 모르가니균

4 소고기를 가열하지 않고 회로 먹을 때 생길 수 있는 가능성이 가장 큰 기생충은?

① 민촌충 ② 선모충
③ 유구조충 ④ 회충

5 식품의 위생적인 준비를 위한 조리장의 관리로 부적합한 것은?

① 조리장의 위생해충은 약제사용을 1회만 실시하면 영구적으로 박멸된다.

② 조리장에 음식물과 음식물 찌꺼기를 함부로 방치하지 않는다.

③ 조리장의 출입구에 신발을 소독할 수 있는 시설을 갖춘다.

④ 조리사의 손을 소독할 수 있도록 손소독기를 갖춘다.

6 주로 부패한 감자에 생성되어 중독을 일으키는 물질은?

① 셉신(sepsine)

② 아미그달린(amygdalin)

③ 시큐톡신(cicutoxin)

④ 마이코톡신(mycotoxin)

7 소음의 측정단위인 데시벨(dB)이란?

① 음의 강도　　　　② 음의 질

③ 음의 파장　　　　④ 음의 전파

8 식품 등의 표시기준을 수록한 식품 등의 공전을 작성·보급하여야 하는 자는?

① 식품의약품안전처장

② 보건소장

③ 시·도지사

④ 식품위생감시원

9 기름을 오랫동안 저장하여 산소, 빛, 열에 노출되었을 때 색깔, 맛, 냄새 등이 변하게 되는 현상은?

① 발효　　　　② 부패

③ 산패　　　　④ 변질

10 다음 중 감수성지수(접촉감염지수)가 가장 낮은 것은?

① 폴리오   ② 디프테리아

③ 성홍열   ④ 홍역

11 수질의 분변오염지표균은?

① 장염비브리오균

② 대장균

③ 살모넬라균

④ 웰치균

12 다음 중 이타이이타이병의 유발 물질은?

① 수은(Hg)   ② 납(Pb)

③ 칼슘(Ca)   ④ 카드뮴(Cd)

13 평균수명에서 질병이나 부상으로 인하여 활동하지 못하는 기간을 뺀 수명은?

① 기대수명   ② 건강수명

③ 비례수명   ④ 자연수명

14 다수인이 밀집한 장소에서 발생하며 화학적 조성이나 물리적 조성의 큰 변화를 일으켜 불쾌감, 두통, 권태, 현기증, 구토 등의 생리적 이상을 일으키는 현상은?

① 빈혈

② 일산화탄소 중독

③ 분압 현상

④ 군집독

답안 표기란

10 ① ② ③ ④
11 ① ② ③ ④
12 ① ② ③ ④
13 ① ② ③ ④
14 ① ② ③ ④

15 심한 설사로 인하여 탈수 증상을 나타내는 감염병은?

① 콜레라　　　　　　② 백일해

③ 결핵　　　　　　　④ 홍역

16 다음 중 병원체가 세균인 질병은?

① 폴리오　　　　　　② 백일해

③ 발진티푸스　　　　④ 홍역

17 통조림, 병조림과 같은 밀봉 식품의 부패가 원인이 되는 식중독과 가장 관계 깊은 것은?

① 살모넬라 식중독

② 클로스트리디움 보툴리눔 식중독

③ 포도상구균 식중독

④ 리스테리아균 식중독

18 다음 중 건조식품, 곡류 등에 가장 잘 번식하는 미생물은?

① 효모　　　　　　　② 세균

③ 곰팡이　　　　　　④ 바이러스

19 세균성 식중독의 전염 예방 대책이 아닌 것은?

① 원인균의 식품오염을 방지한다.

② 위염환자의 식품조리를 금한다.

③ 냉장, 냉동 보관하여 오염균의 발육, 증식을 방지한다.

④ 세균성 식중독에 관한 보건 교육을 철저히 실시한다.

20 순화독소(toxoid)를 사용하는 예방접종으로 면역이 되는 질병은?

① 파상풍　　　　　　　② 콜레라
③ 폴리오　　　　　　　④ 백일해

21 HACCP에 대한 설명으로 틀린 것은?

① 어떤 위해를 미리 예측하여 그 위해 요인을 사전에 파악하는 것이다.
② 위해방지를 위한 사전 예방적 식품안전관리체계를 말한다.
③ 미국, 일본, 유럽연합, 국제기구(Codex, WHO) 등에서도 모든 식품에 HACCP을 적용할 것을 권장하고 있다.
④ HACCP 12절차의 첫 번째 단계는 위해요소 분석이다.

22 일정기간 중의 평균 실 근로자수 1,000명당 발생하는 재해건수의 발생 빈도를 나타내는 지표는?

① 건수율　　　　　　　② 도수율
③ 강도율　　　　　　　④ 재해일수율

음식 안전관리

23 위험도 경감의 원칙에서 핵심요소를 위해 고려해야 할 사항이 아닌 것은?

① 위험요인 제거
② 위험발생 경감
③ 사고피해 경감
④ 사고피해 치료

음식 재료관리

24 식품의 색소에 관한 설명 중 옳은 것은?

① 클로로필은 마그네슘을 중성원자로 하고 산에 의해 클로로필린이라는 갈색물질로 된다.

② 카로티노이드 색소는 카로틴과 크산토필 등이 있다.

③ 플라보노이드 색소는 산성-중성-알칼리성으로 변함에 따라 적색-자색-청색으로 된다.

④ 동물성 색소 중 근육색소는 헤모글로빈이고, 혈색소는 미오글로빈이다.

25 다음 설명 중 잘못된 것은?

① 식품의 셀룰로오스는 인체에 중요한 열량영양소이다.

② 덱스트린은 전분의 중간분해산물이다.

③ 아밀로덱스트린은 전분의 가수분해로 생성되는 덱스트린이다.

④ 헤미셀룰로오스는 식이섬유소로 이용된다.

26 카제인(casein)이 효소에 의하여 응고되는 성질을 이용한 식품은?

① 아이스크림   ② 치즈

③ 버터   ④ 크림수프

27 밀가루를 물로 반죽하여 면을 만들 때 반죽의 점탄성에 관계하는 주성분은?

① 글로불린(globulin)

② 글루텐(gluten)

③ 덱스트린(dextrin)

④ 아밀로펙틴(amylopectin)

답안 표기란

28	①	②	③	④
29	①	②	③	④
30	①	②	③	④
31	①	②	③	④
32	①	②	③	④

28 다음 중 식품의 일반성분이 아닌 것은?

① 수분 　　　　　　　② 효소

③ 탄수화물 　　　　　④ 무기질

29 함유된 주요 영양소가 잘못 짝지어진 것은?

① 북어포 : 당질, 지방

② 우유 : 칼슘, 단백질

③ 두유 : 지방, 단백질

④ 밀가루 : 당질, 단백질

30 식품의 신맛에 대한 설명으로 옳은 것은?

① 신맛은 식욕을 증진시켜 주는 작용을 한다.

② 식품의 신맛의 정도는 수소이온농도와 반비례한다.

③ 동일한 pH에서 무기산이 유기산보다 신맛이 더 강하다.

④ 포도, 사과의 상쾌한 신맛 성분은 호박산(succinic acid)과 이노신산(inosinic acid)이다.

31 음식의 온도와 맛의 관계에 대한 설명으로 틀린 것은?

① 국은 식을수록 짜게 느껴진다.

② 커피는 식을수록 쓰게 느껴진다.

③ 차게 먹을수록 신맛이 강하게 느껴진다.

④ 녹은 아이스크림보다 얼어 있는 것의 단맛이 약하게 느껴진다.

32 단팥죽을 만들 때 약간의 소금을 넣었더니 맛이 더 달게 느껴졌다. 이 현상을 무엇이라고 하는가?

① 맛의 상쇄 　　　　② 맛의 대비

③ 맛의 변조 　　　　④ 맛의 억제

답안 표기란

33 ① ② ③ ④
34 ① ② ③ ④
35 ① ② ③ ④
36 ① ② ③ ④
37 ① ② ③ ④

33 단당류에 속하는 것은?

① 맥아당　　　　　　② 포도당
③ 설탕　　　　　　　④ 유당

34 마이야르(maillard) 반응에 대한 설명으로 틀린 것은?

① 식품은 갈색화가 되고 독특한 풍미가 형성된다.
② 효소에 의해 일어난다.
③ 당류와 아미노산이 함께 공존할 때 일어난다.
④ 멜라노이딘 색소가 형성된다.

35 한국인의 영양섭취기준에 의한 성인의 탄수화물 섭취량은 전체 열량의 몇 % 정도인가?

① 20~35%　　　　　② 55~70%
③ 75~90%　　　　　④ 90~100%

36 자유수의 성질에 대한 설명으로 틀린 것은?

① 수용성 물질의 용매로 사용된다.
② 미생물 번식과 성장에 이용되지 못한다.
③ 비중은 4℃에서 최고이다.
④ 건조로 쉽게 제거 가능하다.

37 다음 중 동물성 색소는?

① 클로로필　　　　　② 안토시안
③ 미오글로빈　　　　④ 플라보노이드

38 주요 작업별 기기의 연결이 바른 것은?

① 검수 – 운반차, 탈피기

② 전처리 – 저울, 절단기

③ 세척 – 손소독기, 냉장고

④ 조리 – 오븐, 레인지

39 급식소에서 재고관리의 의의가 아닌 것은?

① 물품부족으로 인한 급식생산 계획의 차질을 미연에 방지할 수 있다.

② 도난과 부주의로 인한 식품재료의 손실을 최소화할 수 있다.

③ 재고도 자산인 만큼 가능한 많이 보유하고 있어 유사시에 대비하도록 한다.

④ 급식생산에 요구되는 식품재료와 일치하는 최소한의 재고량이 유지되도록 한다.

40 다음 중 비교적 가식부율이 높은 식품으로만 나열된 것은?

① 고구마, 동태, 파인애플

② 닭고기, 감자, 수박

③ 대두, 두부, 숙주나물

④ 고추, 대구, 게

41 식품을 구매하는 방법 중 경쟁입찰과 비교하여 수의계약의 장점이 아닌 것은?

① 절차가 간편하다.

② 경쟁이나 입찰이 필요 없다.

③ 싼 가격으로 구매할 수 있다.

④ 경비와 인원을 줄일 수 있다.

양식 기초 조리실무

42 다음 〈보기〉의 조리과정은 공통적으로 어떠한 목적을 달성하기 위하여 수행하는 것인가?

> **보기**
> • 팬에서 오이를 볶은 후 즉시 접시에 펼쳐 놓는다.
> • 시금치를 데칠 때 뚜껑을 열고 데친다.
> • 쑥을 데친 후 즉시 찬물에 담근다.

① 비타민 A의 손실을 최소화하기 위함이다.
② 비타민 C의 손실을 최소화하기 위함이다.
③ 클로로필의 변색을 최소화하기 위함이다.
④ 안토시아닌의 변색을 최소화하기 위함이다.

43 박력분에 대한 설명으로 맞는 것은?

① 경질의 밀로 만든다.
② 다목적으로 사용된다.
③ 탄력성과 점성이 약하다.
④ 마카로니, 식빵 제조에 알맞다.

44 소금의 용도가 아닌 것은?

① 채소 절임 시 수분 제거
② 효소 작용 억제
③ 아이스크림 제조 시 빙점 강하
④ 생선구이 시 석쇠 금속의 부착 방지

45 조리작업장의 위치선정 조건으로 적합하지 않은 것은?

① 보온을 위해 지하인 곳
② 통풍이 잘 되며 밝고 청결한 곳
③ 음식의 운반과 배선이 편리한 곳
④ 재료의 반입과 오물의 반출이 쉬운 곳

답안 표기란

46 ① ② ③ ④
47 ① ② ③ ④
48 ① ② ③ ④
49 ① ② ③ ④
50 ① ② ③ ④

46 유지의 산패를 차단하기 위해 상승제와 함께 사용하는 물질은?

① 보존제   ② 발색제

③ 항산화제   ④ 표백제

47 50g의 달걀을 접시에 깨뜨려 놓았더니 난황 높이는 1.5cm, 난황 직경은 4cm였다. 이때 난황계수는?

① 0.188   ② 0.232

③ 0.336   ④ 0.375

48 버터의 특성이 아닌 것은?

① 독특한 맛과 향기를 가져 음식에 풍미를 준다.

② 냄새를 빨리 흡수하므로 밀폐하여 저장하여야 한다.

③ 유중수적형이다.

④ 성분은 단백질이 80% 이상이다.

49 우유의 균질화(homogenization)에 대한 설명이 아닌 것은?

① 지방구 크기를 0.1~2.2μm 정도로 균일하게 만들 수 있다.

② 탈지유를 첨가하여 지방의 함량을 맞춘다.

③ 큰 지방구의 크림층 형성을 방지한다.

④ 지방의 소화를 용이하게 한다.

50 다음 중 두부의 응고제가 아닌 것은?

① 염화마그네슘($MgCl_2$)

② 황산칼슘($CaSO_4$)

③ 염화칼슘($CaCl_2$)

④ 탄산칼륨(K_2CO_3)

51 건조된 갈조류 표면의 흰가루 성분으로 단맛을 나타내는 것은?

① 만니톨　　　　　　② 알긴산
③ 클로로필　　　　　　④ 피코시안

52 대두의 성분 중 거품을 내며 용혈작용을 하는 것은?

① 사포닌　　　　　　② 레닌
③ 글루탐산　　　　　　④ 청산배당체

53 계량방법이 잘못된 것은?

① 된장, 흑설탕은 꼭꼭 눌러 담아 수평으로 깎아서 계량한다.
② 우유는 투명기구를 사용하여 액체 표면의 윗부분을 눈과 수평으로 하여 계량한다.
③ 저울은 반드시 수평한 곳에서 0으로 맞추고 사용한다.
④ 마가린은 실온일 때 꼭꼭 눌러 담아 평평한 것으로 깎아 계량한다.

54 쌀의 조리에 관한 설명으로 옳은 것은?

① 쌀을 너무 문질러 씻으면 지용성 비타민의 손실이 크다.
② pH 3~4의 산성물을 사용해야 밥맛이 좋아진다.
③ 수세한 쌀은 3시간 이상 물에 담가 놓아야 흡수량이 적당하다.
④ 묵은 쌀로 밥을 할 때는 햅쌀보다 밥 물량을 더 많이 한다.

55 과일 잼 가공 시 펙틴은 주로 어떤 역할을 하는가?

① 신맛 증가　　　　　　② 구조 형성
③ 향 보존　　　　　　④ 색소 보존

답안 표기란

51　① ② ③ ④
52　① ② ③ ④
53　① ② ③ ④
54　① ② ③ ④
55　① ② ③ ④

답안 표기란

56 ① ② ③ ④
57 ① ② ③ ④
58 ① ② ③ ④
59 ① ② ③ ④
60 ① ② ③ ④

56 기본 썰기 방법 중 그 모양이 다른 하나는?

① 큐브(cube)

② 다이스(dice)

③ 샤또(chateau)

④ 브뤼누아즈(brunoise)

57 미르포아(mirepoix)를 만들 때 구성하는 재료로 묶인 것은?

① 양파, 당근, 셀러리

② 양파, 셀러리, 정향

③ 양파, 월계수잎, 정향

④ 양파, 당근, 마늘

58 달걀 프라이 조리법 중 흰자는 익고 노른자는 반쯤 익은 요리는?

① 서니 사이드 업(sunny side up)

② 오버 이지(over easy)

③ 오버 미디엄(over medium egg)

④ 오버 하드(over hard egg)

59 화이트 루에 차가운 우유를 넣어 만드는 베샤멜 소스의 재료와 그 비율은?

① 양파 : 버터 : 밀가루 : 우유 = 1 : 1 : 1 : 10

② 양파 : 식용유 : 밀가루 : 우유 = 1 : 1 : 1 : 10

③ 양파 : 버터 : 밀가루 : 우유 = 1 : 1 : 1 : 20

④ 양파 : 식용유 : 밀가루 : 우유 = 1 : 1 : 1 : 20

60 토르텔리니(tortellini)에 대한 설명으로 옳지 않은 것은?

① 소를 채운 파스타로 에밀리아-로마냐 지역에서 주로 먹는다.

② 사각형 모양을 기본으로 반달, 원형 등 두 개의 면 사이에 속을 채워 만든다.

③ 맑고 진한 묽은 수프에 사용하기도 하고 크림을 첨가하기도 한다.

④ 속을 채우는 재료는 다양하나 버터, 치즈를 주로 사용한다.

양식조리기능사 필기 모의고사 ❽

수험번호 :

수험자명 :

제한 시간 : 60분
남은 시간 : 60분

글자 크기

화면 배치

전체 문제 수 : 60
안 푼 문제 수 :

답안 표기란				
1	①	②	③	④
2	①	②	③	④
3	①	②	③	④
4	①	②	③	④
5	①	②	③	④

음식 위생관리

1 위생복장을 착용할 때 머리카락과 머리의 분비물들로 인한 음식오염을 방지하고 위생적인 작업을 진행할 수 있도록 반드시 착용해야 하는 것은?

① 위생복
② 안전화
③ 머플러
④ 위생모

2 다음 중 식품위생과 관련된 미생물이 아닌 것은?

① 세균
② 곰팡이
③ 효모
④ 기생충

3 미생물 종류 중 크기가 가장 작은 것은?

① 세균(bacteria)
② 바이러스(virus)
③ 곰팡이(mold)
④ 효모(yeast)

4 중온균 증식의 최적 온도는?

① 10~12℃
② 25~37℃
③ 55~60℃
④ 65~75℃

5 다음 중 보존료가 아닌 것은?

① 안식향산(benzoic acid)
② 소르빈산(sorbic acid)
③ 프로피온산(propionic acid)
④ 구아닐산(guanylic acid)

6 식품공전상 표준온도라 함은 몇 ℃인가?

① 5℃ ② 10℃

③ 15℃ ④ 20℃

7 감자의 싹과 녹색 부위에서 생성되는 독성 물질은?

① 솔라닌(solanine)

② 리신(ricin)

③ 시큐톡신(cicutoxin)

④ 아미그달린(amygdalin)

8 굴을 먹고 식중독에 걸렸을 때 관계되는 독성 물질은?

① 시큐톡신(cicutoxin)

② 베네루핀(venerupin)

③ 테트라민(tetramine)

④ 테무린(temuline)

9 곰팡이 중독증의 예방법으로 틀린 것은?

① 곡류 발효식품을 많이 섭취한다.

② 농수축산물의 수입 시 검역을 철저히 행한다.

③ 식품 가공 시 곰팡이가 피지 않은 원료를 사용한다.

④ 음식품은 습기가 차지 않고 서늘한 곳에 밀봉해서 보관한다.

10 일반 가열조리법으로 예방하기에 가장 어려운 식중독은?

① 살모넬라에 의한 식중독

② 웰치균에 의한 식중독

③ 포도상구균에 의한 식중독

④ 병원성 대장균에 의한 식중독

답안 표기란
6　① ② ③ ④
7　① ② ③ ④
8　① ② ③ ④
9　① ② ③ ④
10　① ② ③ ④

11 각 환경요소에 대한 연결이 잘못된 것은?

① 이산화탄소(CO_2)의 서한량 : 5%

② 실내의 쾌감습도 : 40~70%

③ 일산화탄소(CO)의 서한량 : 9ppm

④ 실내 쾌감기류 : 0.2~0.3m/sec

12 수인성 감염병의 유행 특성에 대한 설명으로 옳지 않은 것은?

① 연령과 직업에 따른 이환율에 차이가 있다.

② 2~3일 내에 환자발생이 폭발적이다.

③ 환자발생은 급수지역에 한정되어 있다.

④ 계절에 직접적인 관계없이 발생한다.

13 위해해충과 이들이 전파하는 질병과의 관계가 잘못 연결된 것은?

① 바퀴 : 사상충

② 모기 : 말라리아

③ 쥐 : 유행성 출혈열

④ 파리 : 장티푸스

14 환경위생을 철저히 함으로서 예방 가능한 감염병은?

① 콜레라   ② 풍진

③ 백일해   ④ 홍역

15 오염된 토양에서 맨발로 작업할 경우 감염될 수 있는 기생충은?

① 회충   ② 간흡충

③ 폐흡충   ④ 구충

답안 표기란

11	①	②	③	④
12	①	②	③	④
13	①	②	③	④
14	①	②	③	④
15	①	②	③	④

답안 표기란

16 ① ② ③ ④
17 ① ② ③ ④
18 ① ② ③ ④
19 ① ② ③ ④
20 ① ② ③ ④

16 D.P.T 예방접종과 관계없는 감염병은?

① 파상풍   ② 백일해

③ 페스트   ④ 디프테리아

17 다음 감염병 중 생후 가장 먼저 예방접종을 실시하는 것은?

① 백일해   ② 파상풍

③ 홍역   ④ 결핵

18 집단감염이 잘 되며, 항문 주위나 회음부에 소양증이 생기는 기생충은?

① 회충   ② 편충

③ 요충   ④ 흡충

19 자외선에 대한 설명으로 틀린 것은?

① 가시광선보다 짧은 파장이다.

② 피부의 홍반 및 색소 침착을 일으킨다.

③ 인체 내 비타민 D를 형성하게 하여 구루병을 예방한다.

④ 고열물체의 복사열을 운반하므로 열선이라고도 하며, 피부온도의 상승을 일으킨다.

20 식품에서 흔히 볼 수 있는 푸른곰팡이는?

① 누룩곰팡이속

② 페니실리움속

③ 거미줄곰팡이속

④ 푸사리움속

21 냉장의 목적과 가장 거리가 먼 것은?

① 미생물의 사멸

② 신선도 유지

③ 미생물의 증식 억제

④ 자기소화 지연 및 억제

22 직업병과 관련 원인의 연결이 틀린 것은?

① 잠합병–자외선

② 난청–소음

③ 진폐증–석면

④ 미나마타병–수은

음식 안전관리

23 다음은 전기안전에 관한 내용이다. 틀린 것은?

① 1개의 콘센트에 여러 개의 선을 연결하지 않는다.

② 물 묻은 손으로 전기기구를 만지지 않는다.

③ 전열기 내부는 물을 뿌려 깨끗이 청소한다.

④ 플러그를 콘센트에서 뺄 때는 줄을 잡아당기지 말고 콘센트를 잡고 뺀다.

음식 재료관리

24 한국인 영양섭취기준(KDRIs)의 구성요소가 아닌 것은?

① 평균필요량

② 권장섭취량

③ 하한섭취량

④ 충분섭취량

25 경단백질로서 가열에 의해 젤라틴으로 변하는 것은?

① 케라틴(keratin)

② 콜라겐(collagen)

③ 엘라스틴(elastin)

④ 히스톤(histone)

26 과실 중 밀감이 쉽게 갈변되지 않는 가장 주된 이유는?

① 비타민 A의 함량이 많으므로

② Cu, Fe 등의 금속이온이 많으므로

③ 섬유소 함량이 많으므로

④ 비타민 C의 함량이 많으므로

27 고추의 매운맛 성분은?

① 무스카린(muscarine)

② 캡사이신(capsaicin)

③ 뉴린(neurine)

④ 몰핀(morphine)

28 비타민에 대한 설명 중 틀린 것은?

① 카로틴은 프로비타민 A이다.

② 비타민 E는 토코페롤이라고도 한다.

③ 비타민 B_{12}는 망간(Mn)을 함유한다.

④ 비타민 C가 결핍되면 괴혈병이 발생한다.

29 감칠맛 성분과 소재 식품의 연결이 잘못된 것은?

① 베타인(betaine) – 오징어, 새우

② 크레아티닌(creatinine) – 어류, 육류

③ 카노신(carnosine) – 육류, 어류

④ 타우린(taurine) – 버섯, 죽순

답안 표기란

30 ① ② ③ ④
31 ① ② ③ ④
32 ① ② ③ ④
33 ① ② ③ ④
34 ① ② ③ ④

30 알칼리성 식품에 대한 설명 중 옳은 것은?

① Na, K, Ca, Mg이 많이 함유되어 있는 식품

② S, P, Cl이 많이 함유되어 있는 식품

③ 당질, 지질, 단백질 등이 많이 함유되어 있는 식품

④ 곡류, 육류, 치즈 등의 식품

31 과일향기의 주성분을 이루는 냄새 성분은?

① 알데히드류　　　　　② 함유황화합물

③ 테르펜류　　　　　　④ 에스테르류

32 다음 영양소 중 열량소에 해당하지 않는 것은?

① 비타민　　　　　　　② 단백질

③ 지방　　　　　　　　④ 탄수화물

33 지방의 성질 중 틀린 것은?

① 불포화지방산을 많이 함유하고 있는 지방은 요오드값이 높다.

② 검화란 지방이 산에 의해 분해되는 것이다.

③ 일반적으로 어류의 지방은 불포화지방산의 함량이 커서 상온에서 액체 상태로 존재한다.

④ 복합지질은 친수기와 친유기가 있어 지방을 유화시키려는 성질이 있다.

34 필수아미노산이 아닌 것은?

① 메티오닌(methionine)

② 트레오닌(threonine)

③ 글루타민산(glutamic acid)

④ 라이신(lysine)

35 비타민 E에 대한 설명으로 틀린 것은?

① 물에 용해되지 않는다.

② 항산화작용이 있어 비타민 A나 유지 등의 산화를 억제해준다.

③ 버섯 등에 에르고스테롤(ergosterol)로 존재한다.

④ 알파 토코페롤(α-tocopherol)이 가장 효력이 강하다.

음식 구매관리

36 검수를 위한 구비요건으로 바르지 않은 것은?

① 식품의 품질을 판단할 수 있는 지식, 능력, 기술을 지닌 검수 담당자를 배치

② 검수구역이 배달 구역 입구, 물품저장소(냉장고, 냉동고, 건조창고) 등과 최대한 떨어진 장소에 있어야 함

③ 검수시간은 공급업체와 협의하여 검수 업무를 혼란 없이 정확하게 수행할 수 있는 시간으로 정함

④ 검수할 때는 구매명세서, 구매청구서를 참조

37 다음 자료로 계산한 제조원가는 얼마인가?

> 보기
> - 직접재료비 180,000원
> - 직접노무비 100,000원
> - 직접경비 10,000원
> - 판매관리비 120,000원
> - 간접재료비 50,000원
> - 간접노무비 30,000원
> - 간접경비 100,000원

① 590,000원

② 470,000원

③ 410,000원

④ 290,000원

38 원가계산의 목적으로 옳지 않은 것은?

① 원가의 절감 방안을 모색하기 위해서

② 제품의 판매가격을 결정하기 위해서

③ 경영손실을 제품가격에서 만회하기 위해서

④ 예산편성의 기초자료로 활용하기 위해서

답안 표기란

39	① ② ③ ④
40	① ② ③ ④
41	① ② ③ ④
42	① ② ③ ④
43	① ② ③ ④

양식 기초 조리실무

39 다음 식품의 분류 중 곡류에 속하지 않는 것은?

① 보리   ② 조

③ 완두   ④ 수수

40 곡류의 특성에 관한 설명으로 틀린 것은?

① 곡류의 호분층에는 단백질, 지질, 비타민, 무기질, 효소 등이 풍부하다.

② 멥쌀의 아밀로오스와 아밀로펙틴의 비율은 보통 80:20이다.

③ 밀가루로 면을 만들었을 때 잘 늘어나는 이유는 글루텐 성분의 특성 때문이다.

④ 맥아는 보리의 싹을 틔운 것으로 맥주 제조에 이용된다.

41 우뭇가사리를 주원료로 이들 점액을 얻어 굳힌 해조류 가공제품은?

① 젤라틴   ② 곤약

③ 한천   ④ 키틴

42 난황에 들어있으며, 마요네즈 제조 시 유화제 역할을 하는 성분은?

① 레시틴   ② 오브알부민

③ 글로불린   ④ 갈락토오스

43 생선의 자기소화 원인은?

① 세균의 작용   ② 단백질 분해효소

③ 염류   ④ 질소

44 곡물의 저장 과정에서의 변화에 대한 설명으로 옳은 것은?

① 곡류는 저장 시 호흡 작용을 하지 않는다.

② 곡물 저장 시 벌레에 의한 피해는 거의 없다.

③ 쌀의 변질에 가장 관계가 깊은 것은 곰팡이이다.

④ 수분과 온도는 저장에 큰 영향을 주지 못한다.

45 식품을 삶는 방법에 대한 설명으로 틀린 것은?

① 연근을 엷은 식초 물에 삶으면 하얗게 삶아진다.

② 가지를 백반이나 철분이 녹아있는 물에 삶으면 색이 안정된다.

③ 완두콩은 황산구리를 적당량 넣은 물에 삶으면 푸른빛이 고정된다.

④ 시금치를 저온에서 오래 삶으면 비타민 C의 손실이 적다.

46 끓이는 조리법의 단점은?

① 식품의 중심부까지 열이 전도되기 어려워 조직이 단단한 식품의 가열이 어렵다.

② 영양분의 손실이 비교적 많고 식품의 모양이 변형되기 쉽다.

③ 식품의 수용성분이 국물 속으로 유출되지 않는다.

④ 가열 중 재료 식품에 조미료의 충분한 침투가 어렵다.

47 달걀을 삶았을 때 난황 주위에 일어나는 암녹색의 변색에 대한 설명으로 옳은 것은?

① 100℃의 물에서 5분 이상 가열 시 나타난다.

② 신선한 달걀일수록 색이 진해진다.

③ 난황의 철과 난백의 황화수소가 결합하여 생성된다.

④ 낮은 온도에서 가열할 때 색이 더욱 진해진다.

48 발연점을 고려했을 때 튀김용으로 가장 적합한 기름은?

① 쇼트닝(유화제 첨가)

② 참기름

③ 대두유

④ 피마자유

49 다음 중 급수 설비 시 1인당 사용수 양이 가장 많은 곳은?

① 학교급식　　　　　② 병원급식

③ 기숙사급식　　　　④ 사업체급식

50 다음 중 식육의 동결과 해동 시 조직 손상을 최소화 할 수 있는 방법은?

① 급속 동결, 급속 해동

② 급속 동결, 완만 해동

③ 완만 동결, 급속 해동

④ 완만 동결, 완만 해동

51 겨자를 갤 때 매운맛을 가장 강하게 느낄 수 있는 온도는?

① 20~25℃　　　　　② 30~35℃

③ 40~45℃　　　　　④ 50~55℃

52 냉동생선을 해동하는 방법으로 위생적이며 영양 손실이 가장 적은 경우는?

① 18~22℃의 실온에 둔다.

② 40℃의 미지근한 물에 담가 둔다.

③ 냉장고 속에서 해동한다.

④ 23~25℃의 흐르는 물에 담가 둔다.

답안 표기란

48	① ② ③ ④
49	① ② ③ ④
50	① ② ③ ④
51	① ② ③ ④
52	① ② ③ ④

53 밀가루 반죽에 사용되는 물의 기능이 아닌 것은?

① 반죽의 경도에 영향을 준다.

② 소금의 용해를 도와 반죽에 골고루 섞이게 한다.

③ 글루텐의 형성을 돕는다.

④ 전분의 호화를 방지한다.

54 다음 〈보기〉의 조리과정은 공통적으로 어떠한 목적을 달성하기 위하여 수행하는 것인가?

> **보기**
> • 팬에서 오이를 볶은 후 즉시 접시에 펼쳐놓는다.
> • 시금치를 데칠 때 뚜껑을 열고 데친다.
> • 쑥을 데친 후 즉시 찬물에 담근다.

① 비타민 A의 손실을 최소화하기 위함이다.

② 비타민 C의 손실을 최소화하기 위함이다.

③ 클로로필의 변색을 최소화하기 위함이다.

④ 안토시아닌의 변색을 최소화하기 위함이다.

55 식품의 갈변에 대한 설명 중 잘못된 것은?

① 감자는 물에 담가 갈변을 억제할 수 있다.

② 사과는 설탕물에 담가 갈변을 억제할 수 있다.

③ 냉동 채소의 전처리로 블랜칭을 하여 갈변을 억제할 수 있다.

④ 복숭아, 오렌지 등은 갈변 원인물질이 없기 때문에 미리 껍질을 벗겨 두어도 변색하지 않는다.

양식조리

56 샐러드를 담을 때 주의사항으로 틀린 것은?

① 채소의 물기는 반드시 제거하고 담는다.

② 드레싱의 농도가 너무 묽지 않게 한다.

③ 드레싱은 미리 뿌려서 제공한다.

④ 드레싱의 양이 샐러드의 양보다 많지 않게 담는다.

57 샌드위치 요리 플레이팅에서 유의할 점으로 알맞지 않은 것은?

① 재료 자체가 가지고 있는 고유의 색감과 질감을 잘 표현한다.

② 요리의 알맞은 양을 균형감 있게 담아야 한다.

③ 요리에 맞게 음식과 접시 온도에 신경을 써야 한다.

④ 전체적으로 화려하고 다양한 형태로 담아야 한다.

58 녹은 버터에 동량의 밀가루를 넣어 가열하지 않고 섞은 농후제는?

① 뵈르 마니에(beurre manie)

② 젤라틴(gelatin)

③ 화이트 루(white roux)

④ 전분(cornstarch)

59 음식물이 위에서 내리쬐는 열로 인하여 조리하고, 음식물을 익히거나 색깔을 내거나 뜨겁게 보관할 때 사용하는 조리기구는?

① 샐러맨더(salamander)

② 그릴(grill)

③ 스팀 케틀(steam kettle)

④ 초퍼(chopper)

60 다음에서 설명하는 향신료는?

> **보기**
> • 올리브색
> • 부케가르니의 필수 재료
> • 거의 모든 요리에 사용

① 박하   ② 파슬리

③ 월계수잎   ④ 오레가노

양식조리기능사 필기 모의고사 ❾

수험번호 :

수험자명 :

제한 시간 : 60분
남은 시간 : 60분

글자 크기 100% M 150% ⊕ 200%

화면 배치

전체 문제 수 : 60
안 푼 문제 수 :

답안 표기란

1 ① ② ③ ④

2 ① ② ③ ④

3 ① ② ③ ④

4 ① ② ③ ④

음식 위생관리

1 과일 통조림으로부터 용출되어 구토, 설사, 복통의 중독 증상을 유발할 가능성이 있는 물질은?

① 안티몬

② 주석

③ 크롬

④ 구리

2 미생물이 식품에 발생하여 증식할 수 있는 생육인자와 가장 거리가 먼 것은?

① 식품 중의 pH

② 식품 중의 영양소

③ 식품 중의 수분

④ 식품 중의 향기 성분

3 우유의 살균방법으로 130~150℃에서 0.5~5초간 가열하는 것은?

① 저온살균법

② 고압증기멸균법

③ 고온단시간살균법

④ 초고온순간살균법

4 미생물학적으로 식품 1g당 세균수가 얼마일 때 초기부패 단계로 판정하는가?

① $10^3{\sim}10^4$

② $10^4{\sim}10^5$

③ $10^7{\sim}10^8$

④ $10^{12}{\sim}10^{13}$

5 도마의 사용방법에 대한 설명 중 잘못된 것은?

① 합성세제를 사용하여 43~45℃의 물로 씻는다.

② 염소소독, 열탕살균, 자외선살균 등을 실시한다.

③ 식재료 종류별로 전용의 도마를 사용한다.

④ 세척, 소독 후에는 건조시킬 필요가 없다.

6 5'-이노신산나트륨, 5'-구아닐산나트륨, L-글루탐산나트륨의 주요 용도는?

① 표백제   ② 조미료

③ 보존료   ④ 산화방지제

7 식품의 부패 시 생성되는 물질과 거리가 먼 것은?

① 암모니아(ammonia)

② 트리메틸아민(trimethylamine)

③ 글리코겐(glycogen)

④ 아민(amine)

8 물로 전파되는 수인성 감염병에 속하지 않는 것은?

① 장티푸스   ② 홍역

③ 세균성 이질   ④ 콜레라

9 식품위생법으로 정의한 식품이란?

① 모든 음식물

② 의약품을 제외한 모든 음식물

③ 담배 등의 기호품과 모든 음식물

④ 포장, 용기와 모든 음식물

10 다음 접객업 중 시설기준상 객실을 설치할 수 없는 영업은?

① 유흥주점영업
② 일반음식점영업
③ 단란주점영업
④ 휴게음식점영업

11 곡물 저장 시 수분의 함량에 따라 미생물의 발육정도가 달라진다. 미생물에 의한 변패를 억제하기 위해 수분함량을 몇 %로 저장하여야 하는가?

① 13% 이하   ② 18% 이하
③ 25% 이하   ④ 40% 이하

12 식육 및 어육제품의 가공 시 첨가되는 아질산과 이급아민이 반응하여 생기는 발암물질은?

① 벤조피렌(benzopyrene)
② PCB(polychlorinated biphenyl)
③ N-니트로사민(N-nitrosamine)
④ 말론알데히드(malonaldehyde)

13 식품을 구입하였는데 포장에 아래와 같은 표시가 있었다. 어떤 종류의 식품 표시인가?

① 방사선조사식품
② 녹색신고식품
③ 자진회수식품
④ 유기농법제조식품

14 식품취급자가 손을 씻는 방법으로 적합하지 않은 것은?

① 살균효과를 증대시키기 위해 역성비누액에 일반 비누액을 섞어 사용한다.

② 팔에서 손으로 씻어 내려온다.

③ 손을 씻은 후 비눗물을 흐르는 물에 충분히 씻는다.

④ 역성비누원액을 몇 방울 손에 받아 30초 이상 문지르고 흐르는 물로 씻는다.

15 식품공전에 규정되어 있는 표준온도는?

① 10℃ ② 15℃

③ 20℃ ④ 25℃

16 다수인이 밀집한 실내공기가 물리·화학적 조성의 변화로 불쾌감, 두통, 권태, 현기증 등을 일으키는 것은?

① 자연독 ② 진균독

③ 산소중독 ④ 군집독

17 기온역전현상의 발생 조건은?

① 상부기온이 하부기온보다 낮을 때

② 상부기온이 하부기온보다 높을 때

③ 상부기온과 하부기온이 같을 때

④ 안개와 매연이 심할 때

18 음식류를 조리·판매하는 영업으로서 식사와 함께 부수적으로 음주행위가 허용되는 영업은?

① 휴게음식점영업 ② 단란주점영업

③ 유흥주점영업 ④ 일반음식점영업

답안 표기란

14 ① ② ③ ④
15 ① ② ③ ④
16 ① ② ③ ④
17 ① ② ③ ④
18 ① ② ③ ④

19 어패류 매개 기생충 질환의 가장 확실한 예방법은?

① 환경위생 관리
② 생식금지
③ 보건교육
④ 개인위생 철저

20 주로 동물성 식품에서 기인하는 기생충은?

① 구충
② 회충
③ 동양모양선충
④ 유구조충

21 하수처리 방법으로 혐기성처리 방법은?

① 살수여과법
② 활성오니법
③ 산화지법
④ 임호프탱크법

음식 안전관리

22 조리용 칼을 사용할 때 위험요소로부터 예방하는 방법이 알맞지 않은 것은?

① 작업용도에 적합한 칼 사용
② 칼의 방향은 몸 안쪽으로 사용
③ 칼 사용 시 불필요한 행동 자제
④ 작업 전 충분한 스트레칭

음식 재료관리

23 다음 중 황 함유 아미노산은?

① 메티오닌
② 프로린
③ 글리신
④ 트레오닌

답안 표기란

24 ① ② ③ ④
25 ① ② ③ ④
26 ① ② ③ ④
27 ① ② ③ ④
28 ① ② ③ ④

24 카로틴은 동물 체내에서 어떤 비타민으로 변하는가?

① 비타민 D
② 비타민 B$_1$
③ 비타민 A
④ 비타민 C

25 다음의 당류 중 영양소를 공급할 수 없으나 식이섬유소로서 인체에 중요한 기능을 하는 것은?

① 전분
② 설탕
③ 맥아당
④ 펙틴

26 불포화지방산을 포화지방산으로 변화시키는 경화유에는 어떤 물질이 첨가되는가?

① 산소
② 수소
③ 질소
④ 칼슘

27 다음 냄새 성분 중 어류와 관계가 먼 것은?

① 트리메틸아민
② 암모니아
③ 피페리딘
④ 디아세틸

28 탄수화물의 분류 중 5탄당이 아닌 것은?

① 갈락토오스(galactose)
② 자일로오스(xylose)
③ 아라비노오스(arabinose)
④ 리보오스(ribose)

29 녹색 채소 조리 시 중조를 가할 때 나타나는 결과에 대한 설명으로 틀린 것은?

① 진한 녹색으로 변한다.
② 비타민 C가 파괴된다.
③ 페오피틴이 생성된다.
④ 조직이 연화된다.

30 효소적 갈변반응에 의해 색을 나타내는 식품은?

① 분말 오렌지   ② 간장
③ 캐러멜   ④ 홍차

31 안토시아닌 색소를 함유하는 과일의 붉은색을 보존하려고 할 때 가장 좋은 방법은?

① 식초를 가한다.
② 중조를 가한다.
③ 소금을 가한다.
④ 수산화나트륨을 가한다.

32 효소에 대한 일반적인 설명으로 틀린 것은?

① 기질 특이성이 있다.
② 최적온도는 30~40℃ 정도이다.
③ 100℃에서도 활성은 그대로 유지된다.
④ 최적 pH는 효소마다 다르다.

33 다음 중 어떤 무기질이 결핍되면 갑상선종이 발생될 수 있는가?

① 칼슘   ② 요오드
③ 인   ④ 마그네슘

34 식단 작성 시 무기질과 비타민을 공급하려면 다음 중 어떤 식품으로 구성하는 것이 가장 좋은가?

① 곡류, 감자류

② 채소류, 과일류

③ 유지류, 어패류

④ 육류

35 다음 중 물에 녹는 비타민은?

① 레티놀(retinol)

② 토코페롤(tocopherol)

③ 리보플라빈(riboflavin)

④ 칼시페롤(calciferol)

36 비타민에 관한 설명 중 틀린 것은?

① 카로틴은 프로비타민 A이다.

② 비타민 E는 토코페롤이라고도 한다.

③ 비타민 B_{12}는 코발트(Co)를 함유한다.

④ 비타민 C가 결핍되면 각기병이 발생한다.

음식 구매관리

37 다음 중 고정비에 해당되는 것은?

① 노무비   ② 연료비

③ 수도비   ④ 광열비

38 미역국을 끓일 때 1인분에 사용되는 재료와 필요량, 가격이 아래와 같다면 미역국 10인분에 필요한 재료비는?(단, 총 조미료의 가격 70원은 1인분 기준임)

재료	필요량(g)	가격(원/100g당)
미역	20	150
쇠고기	60	850
총 조미료	–	70(1인분)

① 610원
② 6,100원
③ 870원
④ 8,700원

39 어떤 제품의 원가구성이 다음과 같을 때 제조원가는?

> **보기** 이익 20,000원　　　　　제조간접비 15,000원
> 판매관리비 17,000원　　　직접재료비 10,000원
> 직접노무비 23,000원　　　직접경비 15,000원

① 40,000원
② 63,000원
③ 800,000원
④ 100,000원

40 식품의 품질, 무게, 원산지가 주문 내용과 일치하는지 확인하고, 유통기한, 포장상태 및 운반차의 위생상태 등을 확인하는 것은?
① 구매관리
② 재고관리
③ 검수관리
④ 배식관리

양식 기초 조리실무

41 연제품 제조에서 어육단백질을 용해하며 탄력성을 주기 위해 꼭 첨가해야 하는 물질은?
① 소금
② 설탕
③ 전분
④ 글루타민산소다

답안 표기란

42 ① ② ③ ④

43 ① ② ③ ④

44 ① ② ③ ④

45 ① ② ③ ④

46 ① ② ③ ④

42 전분의 호정화를 이용한 식품은?

① 식혜　　　　　　　② 치즈

③ 맥주　　　　　　　④ 뻥튀기

43 붉은살 어류에 대한 일반적인 설명으로 맞는 것은?

① 흰살 어류에 비해 지질함량이 적다.

② 흰살 어류에 비해 수분함량이 적다.

③ 해저 깊은 곳에 살면서 운동량이 적은 것이 특징이다.

④ 조기, 광어, 가자미 등이 해당된다.

44 다음 중 향신료와 그 성분이 잘못 연결된 것은?

① 후추 – 차비신

② 생강 – 진저롤

③ 참기름 – 세사몰

④ 겨자 – 캡사이신

45 식품의 갈변에 대한 설명 중 잘못된 것은?

① 감자는 물에 담가 갈변을 억제할 수 있다.

② 사과는 설탕물에 담가 갈변을 억제할 수 있다.

③ 냉동 채소의 전처리로 블랜칭을 하여 갈변을 억제할 수 있다.

④ 복숭아, 오렌지 등은 갈변 원인물질이 없기 때문에 미리 껍질을 벗겨 두어도 변색하지 않는다.

46 생선을 조릴 때 어취를 제거하기 위하여 생강을 넣는다. 이때 생선을 미리 가열하여 열변성시킨 후에 생강을 넣는 주된 이유는?

① 생강을 미리 넣으면 다른 조미료가 침투되는 것을 방해하기 때문에

② 열변성 되지 않은 어육단백질이 생강의 탈취작용을 방해하기 때문에

③ 생선의 비린내 성분이 지용성이기 때문에

④ 생강이 어육단백질이 응고를 방해하기 때문에

47 다음 중 신선하지 않은 식품은?

① 생선 : 윤기가 있고 눈알이 약간 튀어나온 것
② 고기 : 육색이 선명하고 윤기 있는 것
③ 계란 : 껍질이 반들반들하고 매끄러운 것
④ 오이 : 가시가 있고 곧은 것

48 전분의 호정화에 대한 설명으로 옳지 않은 것은?

① 호정화란 화학적 변화가 일어난 것이다.
② 호화된 전분보다 물에 녹기 쉽다.
③ 전분을 150~190℃에서 물을 붓고 가열할 때 나타나는 변화이다.
④ 호정화되면 덱스트린이 생성된다.

49 냉동어의 해동법으로 가장 좋은 방법은?

① 저온에서 서서히 해동시킨다.
② 얼린 상태로 조리한다.
③ 실온에서 해동시킨다.
④ 뜨거운 물속에 담가 빨리 해동시킨다.

50 다음 중 유지의 산패에 영향을 미치는 인자에 대한 설명으로 맞는 것은?

① 저장 온도가 0℃ 이하가 되면 산패가 방지된다.
② 광선은 산패를 촉진하나 그 중 자외선은 산패에 영향을 미치지 않는다.
③ 구리, 철은 산패를 촉진하나 납, 알루미늄은 산패에 영향을 미치지 않는다.
④ 유지의 불포화도가 높을수록 산패가 활발하게 일어난다.

51 달걀의 열응고성에 대한 설명 중 옳은 것은?

① 식초는 응고를 지연시킨다.

② 소금은 응고 온도를 낮추어 준다.

③ 설탕은 응고 온도를 내려주어 응고물을 연하게 한다.

④ 온도가 높을수록 가열시간이 단축되어 응고물은 연해진다.

52 지방이 많은 식재료를 구이 조리할 때 유지가 불 위에 떨어져서 발생하는 연기의 좋지 않은 성분은?

① 암모니아　　　　　　　② 트리메틸아민

③ 아크롤레인　　　　　　④ 토코페롤

53 지방 산패 촉진인자가 아닌 것은?

① 빛　　　　　　　　　　② 지방분해효소

③ 비타민 E　　　　　　　④ 산소

54 발효식품이 아닌 것은?

① 두유　　　　　　　　　② 김치

③ 된장　　　　　　　　　④ 맥주

55 두부를 만드는 과정은 콩 단백질의 어떠한 성질을 이용한 것인가?

① 건조에 의한 변성

② 동결에 의한 변성

③ 효소에 의한 변성

④ 무기염류에 의한 변성

답안 표기란

51	① ② ③ ④
52	① ② ③ ④
53	① ② ③ ④
54	① ② ③ ④
55	① ② ③ ④

56 육가공 주방에서 육류나 가금류의 뼈와 살을 분리하는 데 사용하는 칼의 종류는?

① bread knife   ② paring knife
③ bone knife   ④ salmon knife

57 결합조직이 많아 육질이 질긴 부위를 사용할 때 가장 적합한 조리법은?

① 스튜잉, 브레이징
② 그릴링, 로스팅
③ 보일링, 브로일링
④ 팬프라잉, 포칭

58 닭고기 부위 중 지방이 적고 단백질 함량이 높으며 칼로리가 낮아 샐러드에 주로 사용하는 부위는?

① 날개살(wing)
② 가슴살(breast)
③ 안심(tenderloin)
④ 닭발(feet)

59 표면이 벌집 모양으로 이스트와 달걀흰자 거품을 넣어 만든 빵은?

① 미국식 와플
② 프렌치 토스트
③ 벨기에식 와플
④ 팬케이크

60 미르포와를 만들 때 양파 : 당근 : 셀러리의 비율은?

① 1:1:1   ② 1:1:2
③ 1:2:1   ④ 2:1:1

양식조리기능사 필기 모의고사 ❿

수험번호 :

수험자명 :

 제한 시간 : **60분**
남은 시간 : 60분

글자
크기 100% 150% 200% | 화면
배치 ▢▢▢ | 전체 문제 수 : 60
안 푼 문제 수 : ▢

답안 표기란

1 ① ② ③ ④

2 ① ② ③ ④

3 ① ② ③ ④

4 ① ② ③ ④

음식 위생관리

1 다음 중 위생 지표세균에 속하는 것은?

① 리조푸스균　　　　② 캔디다균

③ 대장균　　　　　　④ 페니실리움균

2 다음 기생충 중 돌고래의 기생충인 것은?

① 유극악구충

② 유구조충

③ 아니사키스충

④ 선모충

3 국가의 보건수준이나 생활수준을 나타내는 데 가장 많이 이용되는 지표는?

① 병상이용률

② 건강보험 수혜자수

③ 영아사망률

④ 조출생률

4 금속부식성이 강하고, 단백질과 결합하여 침전이 일어나므로 주의를 요하며 소독 시 0.1% 정도의 농도를 사용하는 소독약은?

① 석탄산　　　　　　② 승홍

③ 크레졸　　　　　　④ 알코올

5 식품첨가물의 사용목적이 아닌 것은?

① 변질, 부패방지 　　　② 관능개선

③ 질병예방 　　　　　　④ 품질개량, 유지

6 다음 중 국내에서 허가된 인공감미료는?

① 둘신

② 사카린나트륨

③ 사이클라민산나트륨

④ 에틸렌글리콜

7 세균성 식중독의 일반적인 특성으로 틀린 것은?

① 주요 증상은 두통, 구역질, 구토, 복통, 설사이다.

② 살모넬라균, 장염비브리오균, 포도상구균 등이 원인이다.

③ 감염 후 면역성이 획득된다.

④ 발병하는 식중독의 대부분은 세균에 의한 세균성 식중독이다.

8 세균의 장독소에 의해 유발되는 식중독은?

① 황색포도상구균 식중독

② 살모넬라 식중독

③ 복어 식중독

④ 장염비브리오 식중독

9 다음 중 곰팡이 독소가 아닌 것은?

① 아플라톡신 　　　　② 시트리닌

③ 삭시톡신 　　　　　④ 파툴린

10 화학물질에 의한 식중독의 원인물질과 거리가 먼 것은?

① 제조과정 중에 혼합되는 유해중금속

② 기구, 용기, 포장, 재료에서 용출 이행하는 유해물질

③ 식품자체에 함유되어 있는 동식물성 유해물질

④ 제조, 가공 및 저장 중에 혼입된 유해약품류

11 식품 등의 표시기준을 수록한 식품 등의 공전을 작성·보급하여야 하는 자는?

① 식품의약품안전처장

② 보건소장

③ 시·도지사

④ 식품위생감시원

12 식품위생감시원의 직무가 아닌 것은?

① 수입·판매 또는 사용 등이 금지된 식품 등의 취급 여부에 관한 단속

② 영업자의 법령 이행 여부에 관한 확인·지도

③ 위생사의 위생교육에 관한 사항

④ 식품 등의 압류·폐기 등에 관한 사항

13 조리사가 타인에게 면허를 대여하여 사용하게 한 때 1차 위반 시 행정처분기준은?

① 업무정지 1월　　　　② 업무정지 2월

③ 업무정지 3월　　　　④ 면허취소

14 수인성 감염병의 특징을 설명한 것 중 틀린 것은?

① 단시간에 다수의 환자가 발생한다.

② 환자의 발생은 그 급수지역과 관계가 깊다.

③ 발생률이 남녀노소, 성별, 연령별로 차이가 크다.

④ 오염원의 제거로 일시에 종식될 수 있다.

답안 표기란

15 ① ② ③ ④
16 ① ② ③ ④
17 ① ② ③ ④
18 ① ② ③ ④
19 ① ② ③ ④

15 환경위생을 철저히 함으로서 예방 가능한 감염병은?

① 콜레라   ② 풍진

③ 백일해   ④ 홍역

16 우리나라에서 출생 후 가장 먼저 인공능동면역을 실시하는 것은?

① 파상풍   ② 결핵

③ 백일해   ④ 홍역

17 다음 중 DPT 예방접종과 관계가 없는 감염병은?

① 페스트   ② 디프테리아

③ 백일해   ④ 파상풍

18 감염병과 발생원인의 연결이 틀린 것은?

① 장티푸스 – 파리

② 일본뇌염 – 큐렉스속 모기

③ 임질 – 직접 감염

④ 유행성 출혈열 – 중국얼룩날개 모기

19 미끄러운 주방바닥으로 인한 낙상, 찰과상, 주방기구로 인한 부상으로부터 보호하기 위해 착용하는 것은?

① 위생복   ② 안전화

③ 머플러   ④ 위생모

20 HACCP에 대한 설명으로 틀린 것은?

① 어떤 위해를 미리 예측하여 그 위해요인을 사전에 파악하는 것이다.

② 위해방지를 위한 사전 예방적 식품안전관리체계를 말한다.

③ 미국, 일본, 유럽연합, 국제기구(Codex, WHO) 등에서도 모든 식품에 HACCP을 적용할 것을 권장하고 있다.

④ HACCP 12절차의 첫 번째 단계는 위해요소 분석이다.

21 쓰레기 처리방법 중 미생물까지 사멸할 수는 있으나 대기오염을 유발할 수 있는 것은?

① 소각법   ② 투기법

③ 매립법   ④ 재활용법

22 공중보건 사업의 최소단위가 되는 것은?

① 가족   ② 국가

③ 개인   ④ 지역사회

23 규폐증에 대한 설명으로 틀린 것은?

① 먼지 입자의 크기가 0.5~5.0㎛일 때 잘 발생한다.

② 대표적인 진폐증이다.

③ 납중독, 벤젠중독과 함께 3대 직업병이라 하기도 한다.

④ 위험요인에 노출된 근무 경력이 1년 이후에 잘 발생한다.

음식 안전관리

24 응급처치의 목적으로 알맞지 않은 것은?

① 생명을 유지시키고 더 이상의 상태악화를 방지

② 사고발생 예방과 피해 심각도를 억제하기 위한 조치

③ 다친 사람이나 급성질환자에게 사고현장에서 즉시 취하는 조치

④ 건강이 위독한 환자에게 전문적인 의료가 실시되기 전에 긴급히 실시

25 다음 각 영양소와 그 소화효소의 연결이 옳은 것은?
① 무기질 – 트립신(trypsin)
② 지방 – 아밀라아제(amylase)
③ 단백질 – 리파아제(lipase)
④ 당질 – 프티알린(ptyalin)

26 간장이나 된장의 착색은 주로 어떤 반응이 관계하는가?
① 아미노카르보닐(aminocarbonyl) 반응
② 캐러멜(caramel)화 반응
③ 아스코르빈산(ascorbic acid) 산화반응
④ 페놀(phenol) 산화반응

27 스파게티와 국수 등에 이용되는 문어나 오징어 먹물의 색소는?
① 타우린(taurine)
② 멜라닌(melanin)
③ 미오글로빈(myoglobin)
④ 히스타민(histamine)

28 흰색 야채의 경우 흰색을 그대로 유지할 수 있는 방법으로 옳은 것은?
① 야채를 데친 후 곧바로 찬물에 담가둔다.
② 약간의 식초를 넣어 삶는다.
③ 야채를 물에 담가 두었다가 삶는다.
④ 약간의 중조를 넣어 삶는다.

29 카로티노이드(carotenoid) 색소와 소재 식품의 연결이 틀린 것은?

① 베타카로틴(β-carotene) – 당근, 녹황색 채소

② 라이코펜(lycopene) – 토마토, 수박

③ 아스타산틴(astaxanthin) – 감, 옥수수, 난황

④ 푸코크산틴(fucoxanthin) – 다시마, 미역

30 다음 식품 중 이소티오시아네이트(isothiocyanates) 화합물에 의해 매운맛을 내는 것은?

① 양파   ② 겨자

③ 마늘   ④ 후추

31 칼슘(Ca)의 기능이 아닌 것은?

① 골격, 치아의 구성

② 혈액의 응고작용

③ 헤모글로빈의 생성

④ 신경의 전달

32 다음 중 물에 녹는 비타민은?

① 레티놀   ② 토코페롤

③ 리보플라빈   ④ 칼시페롤

33 한국인 영양섭취기준(KDRIs)의 구성요소가 아닌 것은?

① 평균필요량   ② 권장섭취량

③ 하한섭취량   ④ 충분섭취량

음식 구매관리

34 잔치국수 100그릇을 만드는 재료내역이 아래 표와 같을 때 한 그릇의 재료비는 얼마인가?(단, 폐기율은 0%로 가정하고 총 양념비는 100그릇에 필요한 양념의 총액을 의미한다.)

구분	100그릇의 양(g)	100g당 가격(원)
건국수	8,000	200
쇠고기	5,000	1,400
애호박	5,000	80
달걀	7,000	90
총 양념비	–	7,000(100그릇)

① 1,000원 ② 1,125원
③ 1,033원 ④ 1,200원

35 다음 중 비교적 가식부율이 높은 식품으로만 나열된 것은?

① 고구마, 동태, 파인애플
② 닭고기, 감자, 수박
③ 대두, 두부, 숙주나물
④ 고추, 대구, 게

36 검수를 위한 구비요건으로 바르지 않은 것은?

① 식품의 품질을 판단할 수 있는 지식, 능력, 기술을 지닌 검수 담당자를 배치
② 검수구역이 배달 구역 입구, 물품저장소(냉장고, 냉동고, 건조창고) 등과 최대한 떨어진 장소에 있어야 함
③ 검수시간은 공급업체와 협의하여 검수 업무를 혼란 없이 정확하게 수행할 수 있는 시간으로 정함
④ 검수할 때는 구매명세서, 구매청구서를 참조

37 총원가에 대한 설명으로 맞는 것은?

① 제조간접비와 직접원가의 합이다.
② 판매관리비와 제조원가의 합이다.
③ 판매관리비, 제조간접비, 이익의 합이다.
④ 직접재료비, 직접노무비, 직접경비, 직접원가, 판매관리비의 합이다.

답안 표기란

38 ① ② ③ ④
39 ① ② ③ ④
40 ① ② ③ ④
41 ① ② ③ ④
42 ① ② ③ ④

양식 기초 조리실무

38 전분에 물을 붓고 열을 가하여 70~75℃ 정도가 되면 전분입자는 크게 팽창하여 점성이 높은 반투명의 콜로이드 상태가 되는 현상은?

① 전분의 호화
② 전분의 노화
③ 전분의 호정화
④ 전분의 결정

39 호화와 노화에 관한 설명 중 틀린 것은?

① 전분의 가열온도가 높을수록 호화시간이 빠르며, 점도는 낮아진다.
② 전분입자가 크고 지질함량이 많을수록 빨리 호화된다.
③ 수분함량이 0~60%, 온도가 0~4℃일 때 전분의 노화는 쉽게 일어난다.
④ 60℃ 이상에서는 노화가 잘 일어나지 않는다.

40 현미란 무엇을 벗겨낸 것인가?

① 과피와 종피
② 겨층
③ 겨층과 배아
④ 왕겨층

41 밥 짓기 과정의 설명으로 옳은 것은?

① 쌀을 씻어서 2~3시간 푹 불리면 맛이 좋다.
② 햅쌀은 묵은 쌀보다 물을 약간 적게 붓는다.
③ 쌀은 80~90℃에서 호화가 시작된다.
④ 묵은 쌀인 경우 쌀 중량의 약 2.5배 정도의 물을 붓는다.

42 곡류에 관한 설명으로 옳은 것은?

① 강력분은 글루텐의 함량이 13% 이상으로 케이크 제조에 알맞다.
② 박력분은 글루텐의 함량이 10% 이하로 과자, 비스킷 제조에 알맞다.
③ 보리의 고유한 단백질은 오리제닌이다.
④ 압맥, 할맥은 소화율을 저하시킨다.

답안 표기란

43	① ② ③ ④
44	① ② ③ ④
45	① ② ③ ④
46	① ② ③ ④
47	① ② ③ ④

43 두류에 대한 설명으로 적합하지 않은 것은?

① 콩을 익히면 단백질 소화율과 이용률이 더 높아진다.

② 1%의 소금물에 담갔다가 그 용액에 삶으면 연화가 잘 된다.

③ 콩에는 거품의 원인이 되는 사포닌이 들어있다.

④ 콩의 주요 단백질은 글루텐이다.

44 근채류 중 생식하는 것보다 기름에 볶는 조리법을 적용하는 것이 좋은 식품은?

① 무   ② 고구마

③ 토란   ④ 당근

45 미생물을 이용하여 제조하는 식품이 아닌 것은?

① 김치   ② 치즈

③ 잼   ④ 고추장

46 발연점을 고려했을 때 튀김용으로 가장 적합한 기름은?

① 쇼트닝(유화제 첨가)

② 참기름

③ 대두유

④ 피마자유

47 육류 조리 시 열에 의한 변화로 맞는 것은?

① 불고기는 열의 흡수로 부피가 증가한다.

② 스테이크는 가열하면 질겨져서 소화가 잘 되지 않는다.

③ 미트로프(meat loaf)는 가열하면 단백질이 응고, 수축, 변성된다.

④ 소꼬리의 젤라틴이 콜라겐화된다.

48 분리된 마요네즈를 재생시키는 방법으로 가장 적합한 것은?

① 새로운 난황에 분리된 것을 조금씩 넣으며 한 방향으로 저어준다.

② 기름을 더 넣어 한 방향으로 빠르게 저어준다.

③ 레몬즙을 넣은 후 기름과 식초를 넣어 저어준다.

④ 분리된 마요네즈를 양쪽 방향으로 빠르게 저어준다.

49 레드 캐비지로 샐러드를 만들 때 식초를 조금 넣은 물에 담그면 고운 적색을 띠는 것은 어떤 색소 때문인가?

① 안토시아닌(anthocyanin)

② 클로로필(chlorophyll)

③ 안토잔틴(anthoxanthin)

④ 미오글로빈(myoglobin)

50 냉동보관에 대한 설명으로 틀린 것은?

① 냉동된 닭을 조리할 때 뼈가 검게 변하기 쉽다.

② 떡의 장시간 노화방지를 위해서는 냉동보관하는 것이 좋다.

③ 급속 냉동 시 얼음 결정이 크게 형성되어 식품의 조직 파괴가 크다.

④ 서서히 동결하면 해동 시 드립(drip)현상을 초래하여 식품의 질을 저하시킨다.

51 많이 익은 김치(신김치)는 오래 끓여도 쉽게 연해지지 않는 이유는?

① 김치에 존재하는 소금에 의해 섬유소가 단단해지기 때문이다.

② 김치에 존재하는 소금에 의해 팽압이 유지되기 때문이다.

③ 김치에 존재하는 산에 의해 섬유소가 단단해지기 때문이다.

④ 김치에 존재하는 산에 의해 팽압이 유지되기 때문이다.

52 중조를 넣어 콩을 삶을 때 가장 문제가 되는 것은?

① 비타민 B_1의 파괴가 촉진됨

② 콩이 잘 무르지 않음

③ 조리수가 많이 필요함

④ 조리시간이 길어짐

53 생선의 신선도를 판별하는 방법으로 틀린 것은?

① 생선의 육질이 단단해 탄력성이 있는 것이 신선하다.

② 눈의 수정체가 투명하지 않고 아가미색이 어두운 것은 신선하지 않다.

③ 어체의 특유한 빛을 띠는 것이 신선하다.

④ 트리메틸아민(TMA)이 많이 생성된 것이 신선하다.

54 우유를 가열할 때 용기 바닥이나 옆에 눌어붙은 것은 주로 어떤 성분인가?

① 카제인(casein)

② 유청(whey) 단백질

③ 레시틴(lecithin)

④ 유당(lactose)

55 동물성 식품의 색에 관한 설명 중 틀린 것은?

① 식육의 붉은색은 myoglobin과 hemoglobin에 의한 것이다.

② heme은 페로프로토포피린(ferroprotoporphyrin)과 단백질인 글로빈(globin) 결합된 복합 단백질이다.

③ myoglobin은 적자색이지만 공기와 오래 접촉하여 Fe로 산화되면 선홍색의 oxymyoglobin이 된다.

④ 아질산염으로 처리하면 가열에도 안정한 선홍색의 nitrosomyoglobin이 된다.

답안 표기란

56 ① ② ③ ④
57 ① ② ③ ④
58 ① ② ③ ④
59 ① ② ③ ④
60 ① ② ③ ④

양식조리

56 육류 요리의 플레이팅 구성 요소가 아닌 것은?

① 탄수화물 파트   ② 비타민 파트

③ 지방 파트   ④ 단백질 파트

57 가니쉬(garnish)의 특징이 아닌 것은?

① 외형과 색을 좋게 하여 시각적 효과가 있다.

② 식욕을 돋우기 위한 것으로 미각을 상승시켜 줄 수 있는 재료를 사용한다.

③ 장식이 눈에 너무 띄거나 맛을 변형시키지 않도록 한다.

④ 포만감을 위하여 메인 재료와 양을 비슷하게 맞춘다.

58 빵 반죽을 끓는 물에 익힌 후 오븐에 구운 빵은?

① 베이글   ② 프렌치 브레드

③ 브리오슈   ④ 하드롤

59 육류 가열 시 다 익혀먹는 고기의 내부 온도로 적절한 것은?

① 42℃   ② 56℃

③ 68℃   ④ 73℃

60 수프의 종류 중 갑각류 껍질을 으깨어 채소와 함께 끓인 수프는?

① 퓌레(puree)

② 비스크(bisque)

③ 차우더(chowder)

④ 비시스와즈(vichyssoise)

양식 필기 조리기능사

NCS 국가직무능력표준 교육과정 반영

빈출문제 10회

따로 보는
정답과 해설

문제와 정답의 분리로 수험자의 실력을 정확하게 체크할 수 있습니다.

틀린 문제는 꼭 표시했다가 해설로 복습하세요.

정답과 해설을 가지고 다니며 오답노트로 활용할 수 있습니다.

다락원

정답

1	④	2	②	3	②	4	④	5	④	6	①	7	④	8	①	9	④	10	②
11	①	12	④	13	④	14	①	15	③	16	③	17	④	18	④	19	①	20	③
21	②	22	②	23	④	24	④	25	③	26	③	27	③	28	①	29	①	30	②
31	④	32	②	33	④	34	①	35	②	36	②	37	④	38	②	39	①	40	④
41	④	42	①	43	③	44	④	45	①	46	④	47	④	48	③	49	③	50	④
51	④	52	④	53	③	54	②	55	③	56	①	57	①	58	④	59	③	60	④

해설

음식 위생관리

1　미생물 생육에 필요한 인자 : 영양소, 수분, 온도, 산소, pH

2　미생물의 크기 : 곰팡이 〉효모 〉스피로헤타 〉세균 〉리케차 〉바이러스

3　채소를 통해 감염되는 기생충(중간숙주×) : 회충, 요충, 편충, 구충(십이지장충), 동양모양선충

4　무구조충(민촌충)은 소고기를 가열하지 않고 생으로 먹을 때 생길 수 있는 기생충으로 충분히 가열 후에 섭취하면 예방할 수 있다.

5　• 분변오염의 지표 : 대장균
　• 분변오염의 지표이자 냉동식품오염의 지표 : 장구균

6　적외선
　• 열에 관계하는 광선으로 '열선'이라 한다.
　• 장시간에 걸쳐 과도하게 받게 되면 일사병(열사병), 피부 온도 상승, 국소혈관의 확장작용, 백내장 등의 위험이 있다.

7　공기의 자정작용
　• 공기 자체의 희석작용(확산, 이동)
　• 강우, 강설 등에 의한 세정작용
　• 산소, 오존, 과산화수소 등에 의한 산화작용
　• 일광(자외선)에 의한 살균작용
　• 식물에 의한 탄소동화작용(산소와 이산화탄소 교환 작용)

8　하수처리과정 : 예비처리 → 본처리 → 오니처리

9　HACCP는 식품의 제조, 가공, 조리, 유통의 모든 과정에서 식품의 안전성을 확보하기 위해 각 과정을 중점적으로 관리하는 기준으로, 기존 위생관리방법과 비교하여 가능성 있는 모든 위해요소를 예측하고 대응할 수 있다.

10　감염형 세균성 식중독
　• 음식과 함께 섭취된 세균이 식품을 직접 오염시킴으로써 발생하는 식중독
　• 종류 : 살모넬라, 장염비브리오, 병원성 대장균, 클로스트리디움 퍼프리젠스 식중독

11　포도상구균의 균체는 열에 약하나 균에 의해 발생한 독소는 열에 강하다.

12　콜레라, 세균성이질, 장티푸스는 경구감염병이다.

13　• 섭조개 : 삭시톡신
　• 바지락 : 베네루핀
　• 피마자 : 리신
　• 청매 : 아미그달린

14　유해첨가물
　• 착색제 : 아우라민, 로다민 B
　• 감미료 : 둘신, 사이클라메이트
　• 표백제 : 롱가릿, 형광표백제
　• 보존료 : 붕산, 포름알데히드, 불소화합물, 승홍

15 알레르기성 식중독
- 원인독소 : 히스타민
- 원인균 : 프로테우스 모르가니
- 원인식품 : 꽁치, 가다랑어 같은 붉은살 어류 및 그 가공품

16 승홍수(0.1%)
- 손, 피부 소독에 주로 사용
- 금속부식성이 있어 비금속기구 소독에 사용
- 단백질과 결합 시 침전이 생김

17 숙주의 감수성에 대한 대책으로 예방접종을 철저히 해서 면역력을 증진시킨다.

18 경구감염병과 세균성 식중독의 차이점

구분	경구감염병 (소화기계 감염병)	세균성 식중독
감염원	감염병균에 오염된 식품과 음용수 섭취에 의해 경구 감염	식중독균에 오염된 식품섭취에 의해 감염
감염균의 양	적은 양의 균으로도 감염	많은 양의 균과 독소
잠복기	상대적으로 길다	짧다
2차 감염	있음	없음 (살모넬라 제외)
면역성	있음	없음
예방	예방접종 되는 경우도 있지만 대부분 불가능	가능(식품 중 균의 증식을 억제함)

19 호흡기계 감염병(비말감염, 진애감염) : 디프테리아, 백일해, 홍역, 천연두, 유행성 이하선염, 풍진 등

20 식품소분업은 식품 또는 식품첨가물(벌꿀제품, 빵가루 등)의 완제품을 나누어 유통할 목적으로 재포장·판매하는 영업이다.

21 영업허가의 대상 : 식품조사처리업, 단란주점영업, 유흥주점영업

22
- 몰포린지방산염 : 피막제
- 실리콘수지 : 소포제
- 인산나트륨 : 품질개량제
- 만니톨 : 감미료

23
- 카드뮴 : 신장기능 장애
- 크롬 : 비중격천공
- 수은 : 홍독성 흥분
- 납 : 연연, 안면 창백

24 헤테로고리아민은 고기나 생선 등 단백질 식품을 높은 온도에서 또는 조리기간을 길게 가열하게 되면 발생하는 발암물질이다.

25 조개류의 조리 시 독특한 국물 맛을 내는 유기산은 호박산이다.

26 고열환경이 원인인 직업병의 예방대책이 방열복 착용이다.

음식 안전관리

27 연결코드 제거 후 전자제품 청소는 전기 감전을 예방하는 방법이다.

음식 재료관리

28 토마토의 붉은색을 나타내는 색소는 라이코펜(카로티노이드)이다.

29 캐러멜화 반응 : 당류를 고온(180~200℃)으로 가열했을 때 산화 및 분해산물에 의한 중합, 축합 반응(간장, 소스, 합성 청주, 약식 등)

30 감자를 썰어 공기 중에 놓아두면, 티로시나아제에 의해 산화되어 갈색의 멜라닌으로 전환된다.

31 카제인은 칼슘과 인이 결합한 인단백질이다.

32 동물성 지방은 상온에서 고체이다.

33 유당은 이당류의 탄수화물로 포도당과 갈락토오스로 분해되며 효소는 락타아제이다.

34 안토시안
- 산성(식초물)에 적색
- 알칼리(소다 첨가)에 청색

35
- 일반성분 : 수분, 탄수화물, 지방, 단백질, 무기질, 비타민
- 특수성분 : 색, 향, 맛, 효소, 유독성분 등

36 치즈 제조에 사용되는 우유단백질(카제인)을 응고시키는 효소는 레닌이다.

37 우유를 응고시키는 요인 : 산(식초, 레몬즙), 효소(레닌), 페놀화합물(탄닌), 염류 등

음식 구매관리

38 신선한 달걀
- 껍질이 까칠까칠하고 윤기가 없는 것
- 깨뜨렸더니 난백이 넓게 퍼지지 않는 것
- 노른자의 점도가 높은 것

39 클로브
- 클로브(정향) 꽃봉오리를 건조시켜 사용
- 매우 강한 향(백리향)으로 그대로 또는 가루로 사용

40 수비드(sous-vide) : 재료를 비닐봉지에 담아 밀폐시킨 후 저온의 미지근한 물속에서 오랫동안 익혀 풍부한 육즙을 느끼도록 하는 조리법으로 고기는 55~60℃, 채소는 좀 더 높은 온도에서 익힌다.

41 단백질 분해효소는 끓이면 활성을 잃어버리므로, 육류를 연화시키기 위해서는 생배즙으로 재워놓아야 한다.

42 연제품 제조 시 어육단백질을 용해하며 탄력성을 주기 위해서 소금을 반드시 첨가한다.

43 젤리화의 3효소 : 펙틴(1~1.5%), 당분(60~65%), 유기산(pH 2.8~3.4)

44 두부는 콩 단백질이 무기염류에 의해 변성(응고)되는 성질을 이용하여 만든다.

45 아밀로오스 함량이 많은 전분일수록 노화가 빨리 일어난다. 따라서 멥쌀로 만든 떡이 찹쌀로 만든 떡보다 노화되기 쉽다.

46 자외선등은 용기류 등의 살균에 적합하다.

47 아일랜드형 : 동선이 많이 단축되며, 공간 활용이 자유로워서 환풍기와 후드의 수를 최소화할 수 있다.

48
- 달걀의 기포성 : 머랭
- 달걀의 응고성 : 달걀찜, 푸딩
- 달걀의 유화성 : 마요네즈

49 버터나 마가린 등의 지방은 실온에서 부드럽게 하여 계량컵에 꼭꼭 눌러 담은 후 윗면을 직선으로 된 칼로 깎아 계량한다.

50 볶기는 고온에서 단시간 조리하여 식품의 색을 유지하고, 기름 맛이 더해져 부드러운 맛을 느낄 수 있으며, 영양소 및 비타민의 손실이 적다.

51
- 겨자 : 시니그린
- 캡사이신 : 고추

52 조리의 목적 중 안전성은 위생상 안전하게 하여 질병을 예방하는 것이지 치료하는 것과 관련이 없다.

53 고기 색소의 변화
미오글로빈(암적색) ^{도살} → ^{공기중 산소결합} 옥시미오글로빈(적색) ^{숙성}
→ ^{가열·장기간 저장} 메트미오글로빈(갈색) → ^{가열} 헤마틴(회갈색)

54 튀김옷에 달걀을 넣고 오래두어 사용하면 글루텐이 형성되어 튀김옷이 질겨지고 바삭하지 않게 된다.

55 염장법은 식품에 소금(소금농도 10% 이상)을 절여 고삼투성에 의한 탈수효과로 미생물의 생육을 억제하여 보존하는 방법으로 육류, 수산물, 채소류 등의 조리, 저장에 이용된다.

56
- 브로일링 : 직접구이(건열조리)
- 스티밍 : 찌기
- 보일링 : 끓이기
- 시머링 : 삶기

57 5대 모체 소스 : 베샤멜 소스, 벨루테 소스, 에스파뇰 소스, 홀랜다이즈 소스, 토마토 소스

58
- 토마토 페이스트 : 토마토 퓌레를 더 강하게 농축하여 수분을 날린 것
- 토마토 쿨리 : 토마토 퓌레에 향신료를 가미한 것
- 토마토 홀 : 토마토를 껍질만 벗겨 통조림으로 만든 것

59 미네스트로네 : 야채, 베이컨, 파스타를 넣고 끓인 야채 수프(이탈리아)

60 영국식 아침 식사 : 가장 무거운 아침 식사로 빵과 주스, 달걀, 감자, 육류, 생선 요리 제공

양식조리기능사 필기 모의고사 ❷ 정답 및 해설

정답

1	③	2	②	3	①	4	④	5	①	6	③	7	①	8	②	9	③	10	②
11	②	12	③	13	①	14	②	15	②	16	④	17	④	18	①	19	④	20	③
21	④	22	④	23	④	24	②	25	③	26	②	27	③	28	③	29	④	30	②
31	③	32	④	33	②	34	②	35	①	36	④	37	①	38	①	39	②	40	④
41	②	42	①	43	①	44	④	45	③	46	①	47	③	48	①	49	①	50	④
51	①	52	③	53	①	54	④	55	①	56	④	57	④	58	③	59	①	60	③

해설

음식 위생관리

1 부패란 단백질 식품이 혐기성 미생물에 의해 변질되는 현상이다.

2 중온균 : 25~37℃, 질병을 일으키는 병원균

3 회충은 분변으로 오염된 채소를 통하여 전파된다.

4 육류를 통해 감염되는 기생충(중간숙주 1개)
   • 무구조충(민촌충) : 소
   • 유구조충(갈고리촌충) : 돼지
   • 선모충 : 돼지

5 아니사키스충
   • 제1중간숙주 : 갑각류
   • 제2중간숙주 : 포유류(돌고래)

6 하수처리과정 중 처리의 부산물로 메탄가스의 발생이 많은 것은 혐기성 분해처리법이다.

7 군집독 원인 : 구취, 체취, 산소 부족, 이산화탄소 증가, 고온·고습한 기류 상태에서 유해가스 및 취기 등에 의해 복합적으로 발생

8 자외선 : 구루병 예방(비타민 D 형성), 피부결핵 및 관절염 치료 효과

9 식중독을 예방하는 데에 가장 기본적이고 중요한 방법은 식품을 냉장과 냉동으로 보관하는 것이다.

10 식품접객업소의 조리판매 등에 대한 기준 및 규격에 의한 조리용 칼, 도마, 식기류의 미생물 규격은 살모넬라와 대장균 둘 다 음성이어야 한다.

11 장염비브리오 식중독
   • 원인식품 : 어패류 생식
   • 증상 : 급성위장증상
   • 예방 : 가열 섭취, 여름철 생식 금지

12 • 조리식품(떡, 콩가루, 김밥, 도시락) 등에 많이 들어 있다.
   • 100℃에서 10분간 가열하면 파괴되지 않는다.
   • 잠복기는 식후 3시간이다.

13 • 솔라닌 : 감자
   • 베네루핀 : 모시조개
   • 무스카린 : 독버섯

14 유해보존료 : 붕산(체내 축적), 포름알데히드, 불소화합물, 승홍 등

15 석탄산, 크레졸은 변소, 하수도 등 오물소독에 사용하며 알코올은 금속기구, 초자기구, 손 소독에 사용한다.

16 • 결핵 : 세균
   • 회충 : 기생충
   • 발진티푸스 : 리케차

17 파리가 발생시키는 질병은 대부분이 소화기계 감염병이다. 이는 환경위생을 철저히 함으로써 예방 가능하다.

18 인공능동면역 백신에는 생균백신, 사균백신, 순화독소가 있으며, 순화독소로 영구면역을 획득하는 질병에는 파상풍, 디프테리아가 있다.

19 농산물을 단순히 껍질을 벗겨 가공하려는 경우에는 허가를 받거나 신고를 하지 않아도 된다.

20 식품 등의 표시기준상 과자류 : 과자, 캔디류, 추잉껌, 빙과류

21 • 밀가루 개량제(소맥분 개량제) : 과산화벤조일, 과황산암모늄, 브롬산칼륨, 이산화염소
   • 발색제 : 아질산나트륨, 질산나트륨, 질산칼륨

22 체내에 흡수되어 내분비장애, 칼슘대사장애 등을 일으키는 중금속은 카드뮴이다.

23 일반적으로 생육 속도는 세균에 비하여 느리다.

24 • 포르말린 : 포름알데히드를 35~38%로 물에 녹인 액체로 변소, 하수도 등 오물소독에 사용
   • 어류 부패 시 발생하는 냄새물질 : 암모니아, 피페리딘, 트리메틸아민(TMA), 황화수소, 인돌, 메르캅탄 등

음식 안전관리

25 위험도 경감의 3가지 시스템 구성요소 : 사람, 절차, 장비

음식 재료관리

26 18:2 지방산은 이중결합이 2개 있는 불포화지방산이며 종류에는 리놀렌산이 있다.

27 인(P)
   • 골격과 치아를 구성
   • 신체구성 무기질 중 1/4 차지
   • 우유, 치즈, 육류, 어패류 등

28 기호식품은 인체에 필요한 직접적인 영양소는 아니지만 식품의 색, 냄새, 맛 등을 부여하여 식욕을 증진시키는 식품(커피, 차 등)

29 사과의 껍질을 깎아서 공기 중에 놓으면, 폴리페놀옥시다아제에 의해 산화되어 갈색의 멜라닌으로 전환된다.

30 • 엽록소는 알칼리성에서 녹색화
   • 안토시안 색소는 산성에서 적색화
   • 카로틴 색소는 산성에서 색의 변화가 없다.

31 구연산 : 딸기, 감귤류, 살구 등

32 철(Fe) : 헤모글로빈(혈색소) 구성 성분, 조혈작용

33 경화(수소화) : 불포화지방산에 수소를 첨가하고 촉매제를 사용하여 포화지방산으로 만드는 것(마가린, 쇼트닝 등)

34 • 맥아당 = 포도당 + 포도당
   • 설탕 = 포도당 + 과당
   • 이눌린 : 과당의 결합체

35 단백질은 아미노산들로 구성되어 펩티드 결합을 이루고 있다.

36 • 비타민 C 결핍 : 괴혈병
   • 비타민 B_1 결핍 : 각기병

37 • 식품의 신맛의 정도는 수소이온농도와 비례한다.
   • 동일한 pH에서 무기산이 유기산보다 신맛이 더 약하다.
   • 포도, 사과의 상쾌한 신맛 성분은 호박산과 주석산이다.

38 에스테르류 : 주로 과일향

음식 구매관리

39 제조원가 = 직접재료비 + 직접노무비 + 직접경비 + 간접재료비 + 간접노무비 + 간접경비
   = (180,000 + 100,000 + 10,000) + (50,000 + 30,000 + 100,000)
   = 470,000원

양식 기초 조리실무

40 1쿼터(quart) = 960㎖
   1컵(Cup, C) = 240㎖
   1쿼터(quart) = 960㎖ ÷ 240㎖ = 4컵

41 탕류를 조리할 때에는 찬물에 고기를 먼저 넣고 끓이며, 끓기 시작하면 약한 불에서 끓인다. 이 경우 맛 성분의 용출이 잘 되어 국물의 맛이 좋아진다.

42 브레이징 : 덩어리 육류를 건열로 표면에 갈색이 나도록 구워 내부의 육즙이 나오지 않게 한 후 소량의 물, 우유와 함께 습열조리하는 것

43 호화(α 화)에 영향을 주는 요소
   • 가열온도가 높을수록 호화↑
   • 수침시간이 길수록 호화↑

- 가열 시 물의 양이 많을수록 호화↑

44 밀가루 반죽 시 물의 기능
- 소금의 용해를 도와 반죽을 골고루 섞이게 함
- 반죽의 경도에 영향
- 글루텐 형성
- 전분의 호화 촉진

45 식물성 식품인 파파야에서 단백질 분해 효소인 파파인이 발생하여 고기의 연육작용을 돕는다.

46 붉은살 생선은 수온이 높고 얕은 곳에 살며, 수분함량이 적고 지방함량이 5~20%로 많다. 흰살 생선은 깊은 바다에 서식하여 지방함량이 5% 이하이다.

47 머랭을 만들고자 할 때 설탕은 충분히 거품이 생겼을 때 서서히 소량씩 첨가하면 안정성 있는 거품이 형성된다.

48 성인병 예방을 위한 급식에서는 전체적인 영양의 균형을 생각하여 식단을 작성하며, 지나친 소금과 동물성 지방의 섭취를 제한한다.

49 그리들 : 윗면이 두꺼운 철판으로 되어 가스나 전기로 작동되고 온도조절이 용이하며, 여러 종류의 식재료를 볶거나 오븐에 넣기 전에 초벌구이에 사용

50 발연점 : 유지를 가열할 때 유지 표면에서 엷은 푸른 연기가 나기 시작할 때의 온도로 발연점에 도달하게 되면 아크롤레인이라는 자극성의 냄새를 가진 발암성 물질을 생성한다.

51 조리의 목적은 식품이 함유하고 있는 영양가를 최대로 보유하게 하는 것이다.

52 전분은 아밀로펙틴의 성분이 많을수록 노화가 느리다.
- 멥쌀 : 아밀로펙틴 80%, 아밀로오스 20%
- 찹쌀 : 아밀로펙틴 100%

53 달걀의 난황과 난백 중 기포성을 가지고 있는 것은 난백이다.

54 α-화 쌀은 쌀로 밥을 지은 후 탈수, 건조시킨 즉석밥으로 이는 즉석 식품이다.

55 조리에 사용하는 냉동식품을 완만 동결하면 식품에 수분이 재흡수 되지 않아 조직이 나쁘다.

양식조리

56 샤세데피스 : 부케가르니보다 좀 더 작은 조각의 향신료들을 소창에 싸서 스톡의 향을 강화하는 것

57 오르되브르 : 식전에 나오는 모든 요리를 총칭

58 분리된 마요네즈를 조금씩 부어가면서 다시 드레싱을 만들면 복원할 수 있다.

59 오레키에테 : '작은 귀'라는 의미로 귀처럼 오목한 데서 유래

60 농후제의 종류 : 루(roux), 달걀노른자, 전분(cornstarch), 뵈르 마니에(beurre manie), 버터 등

정답

1	③	2	①	3	④	4	①	5	②	6	②	7	③	8	①	9	③	10	①
11	②	12	②	13	②	14	①	15	①	16	④	17	①	18	②	19	②	20	②
21	④	22	④	23	③	24	②	25	④	26	④	27	①	28	④	29	④	30	③
31	③	32	①	33	③	34	④	35	④	36	②	37	①	38	③	39	②	40	③
41	②	42	③	43	②	44	②	45	①	46	④	47	③	48	①	49	③	50	①
51	④	52	③	53	②	54	①	55	②	56	②	57	④	58	④	59	②	60	③

해설

음식 위생관리

1 클로스트리디움 속은 혐기성 세균으로 곰팡이와 관련이 없다.

2 부패 : 단백질 식품이 혐기성 미생물에 의해 변질되는 현상
※ 토코페롤 : 비타민 E, 천연항산화제

3 어패류를 통해 감염되는 기생충은 중간숙주가 2개로 간디스토마, 폐디스토마, 요꼬가와흡충, 광절열두조충, 아니사키스충이 해당한다.

4 경피감염되는 기생충은 구충(십이지장충)이다.

5 자외선과 관련하여 구루병 예방에 효과적인 비타민은 비타민 D이다.

6 이산화탄소는 무색, 무취한 비독성의 가스로, 실내 공기조성의 전반적인 상태를 알 수 있어서 실내공기의 오염지표로 사용한다.

7 생물학적 위해요소 분석은 HACCP 중 1원칙인 위해요소분석(HA)에 해당한다.

8 식중독 발생 시 신고 : 24시간 이내 즉시 신고

9 독소형 식중독 : 황색포도상구균 식중독, 클로스트리디움 보툴리눔 식중독

10 장독소에 의해 발생하는 것은 황색포도상구균 식중독이다.

11 • 아포는 내열성이 커서 사멸하지 않는다.
  • 냉장온도에서 잘 발육하지 못한다.
  • 육류 및 가공품에서 주로 발생한다.

12 독소형 식중독의 하나인 클로스트리디움 보툴리눔 식중독은 그람양성의 간균, 편성혐기성균으로 병원균인 보툴리누스균은 내열성이 강하다. 그러나 원인 독소인 뉴로톡신은 80℃에서 30분 가열하면 파괴된다.

13 • 솔라닌 : 감자
  • 아미그달린 : 청매, 살구씨
  • 테트로도톡신 : 복어

14 이산화탄소(CO_2)의 서한량 : 0.1%

15 면역

능동 면역	자연능동 면역	질병감염 후 획득한 면역
	인공능동 면역	예방접종(백신)으로 획득한 면역
수동 면역	자연수동 면역	모체로부터 얻는 면역(태반, 수유)
	인공수동 면역	혈청 접종으로 얻는 면역

16 • 결핵(세균) : 소
  • 탄저병(세균) : 소, 말, 양
  • 야토병(세균) : 토끼

17 • 모기 : 사상충, 말라리아 등
  • 바퀴 : 이질, 콜레라, 장티푸스, 살모넬라, 소아마비 등
  • 쥐 : 유행성 출혈열 등

18 수인성 감염병은 치명률이 낮고 잠복기가 짧다.

19 카드뮴 : 이타이이타이병(골연화증)

20 표백제 : 과산화수소, 차아황산나트륨, 아황산나트륨

21 주석(Sn) : 과일통조림으로부터 용출되어 다량 섭취 시 구토, 설사, 복통 등을 일으킬 가능성이 있는 물질

22 중국에서 분유를 주식으로 하는 유아가 많은 양의 멜라민을 오랫동안 섭취해서 방광결석 및 신장결석 등의 증상으로 사망하였다.

23 즉석판매제조·가공업 : 총리령으로 정하는 식품 제조·가공업소에서 직접 최종 소비자에게 판매하는 영업

24 영업허가의 대상 : 식품조사처리업, 단란주점영업, 유흥주점영업

25 양이 감소하는 것은 장점이 아니다.

26 냉장법은 미생물의 증식을 완전히 억제하기 힘들어 식품의 장기간 보존은 어렵다.

27 손가락의 말초혈관 운동 장애로 일어나는 국소진통증을 레이노드 현상이라 한다.

음식 안전관리

28 재해 : 환경이나 작업조건으로 인해 자신이나 타인에게 상해를 입히는 것

음식 재료관리

29 수산(옥살산)은 체내에서 칼슘의 흡수를 방해하여 신장결석을 일으킨다.

30 비타민 K : 혈액응고 지연

31 칼슘(Ca) 급원식품 : 우유, 유제품, 뼈째 먹는 생선 등

32 • 마늘 : 알리신
• 사과 : 호박산, 주석산
• 고추 : 캡사이신
• 무 : 이소티오시아네이트 화합물

33 오이피클을 제조하거나 녹색 채소를 수확 후에 방치할 때, 오이나 채소의 색이 갈색으로 변하는 이유는 녹갈색의 페오피틴이 생성되기 때문이다.

34 • 미오글로빈 : 동물성 식품(육류)의 근육색소로 철(Fe)을 함유

• 클로로필 : 녹색식물의 엽록체에 존재하는 지용성 색소로 마그네슘(Mg)을 함유

35 마이야르 반응에 영향을 주는 인자 : 온도, pH, 당의 종류, 수분, 농도 등

36 세균은 생육최저 Aw가 미생물 중에서 가장 높다.

37 맥아당(엿당) = 포도당 + 포도당

38 1g당 발생하는 열량
• 당질 : 4kcal/g
• 단백질 : 4kcal/g
• 지방 : 9kcal/g
• 알코올 : 7kcal/g

39 단백질은 뷰렛에 의한 정색반응으로 보라색을 나타낸다.

음식 구매관리

40 제조원가 = 직접원가 + 제조간접비

양식 기초 조리실무

41 끓이기의 특징
• 100℃의 물속에서 재료를 가열하는 방법
• 조미를 하는 것이 삶기와의 차이점
• 영양분의 손실이 비교적 많고 식품의 모양이 변형되기 쉬움
• 곰국, 찌개, 전골 등

42 감자는 뚜껑을 닫고 삶아야 하고, 뼈는 찬물에 뚜껑을 열고 오랫동안 끓여야 한다.

43 • β-전분이 α-전분으로 되는 현상이다.
• 온도가 높으면 호화시간이 빠르다.
• 전분이 덱스트린으로 분해되는 과정은 전분의 호정화(덱스트린화)이다.

44 멥쌀의 아밀로오스와 아밀로펙틴의 비율은 보통 20:80이다.

45 팽창제 : 중조(식소다, 중탄산나트륨), 이스트(효모), 베이킹파우더 등

46 버터는 우유의 지방으로 만든 유제품이다.

47 육류의 결합조직을 장시간 물에 넣어 가열하면 콜라겐이 젤라틴으로 변하여 고기가 연해진다.

48 생선은 산란기 직전에 지방함량이 높아 살이 올라 가장 맛이 좋다.

49 난황의 유화성
- 난황의 인지질인 레시틴이 유화제로 작용
- 유화성을 이용한 식품 : 마요네즈, 케이크 반죽, 크림수프 등

50 ・우유에 함유된 단백질 : 카제인, 락토알부민, 락토글로불린
- 우유에 함유된 탄수화물 : 락토오스

51 가공치즈 : 자연치즈에 유화제를 가하여 가열한 것으로 발효가 더 이상 일어나지 않아 저장성이 큼

52 신맛 성분에 유기산인 아미노기($-NH_2$)가 있으면 쓴맛이 가해진 신맛을 낸다.

53 유화(Emulsification, 에멀전화)
- 수중유적형(O/W) : 물 중에 기름이 분산되어 있는 것(우유, 생크림, 마요네즈, 아이스크림 등)
- 유중수적형(W/O) : 기름 중에 물이 분산되어 있는 것(버터, 마가린 등)

54 비타민 D는 칼슘의 흡수에 도움을 주어 강화우유에 사용한다.

55 자기소화
- 사후경직이 끝난 후 어패류 속에 존재하는 단백질 분해효소에 의해 일어남
- 어육이 연해지고 풍미가 저하

양식조리

56 쿠르부용(court buillon)
- 야채, 부케가르니, 식초나 와인 등의 산성 액체를 넣어 은근히 끓인 육수
- 야채나 해산물을 포칭(poaching)하는 데 사용

57 전채 요리 조리 시 주요리에 사용되는 재료와 반복된 조리법은 사용하지 않는다.

58 야채류, 싹류, 과일 등으로 만들며 보기 좋게 하여 상품성을 높이는 것은 부재료로서의 가니쉬에 대한 설명이다.

59 수비드(sous-vide) : 재료를 비닐봉지에 담아 밀폐시킨 후 저온의 미지근한 물속에서 오랫동안 익혀 풍부한 육즙을 느끼도록 하는 조리법으로 고기는 55~60℃ 사이, 채소는 좀 더 높은 온도에서 익힌다.

60 토마토
- 파스타를 만들 때 소금과 바질을 넣은 토마토 소스가 가장 많이 사용
- 항산화, 항암 등 각종 질병 예방에 탁월한 식품

정답

1	①	2	②	3	①	4	①	5	②	6	②	7	④	8	③	9	①	10	④
11	③	12	②	13	④	14	③	15	①	16	④	17	③	18	④	19	④	20	②
21	④	22	②	23	①	24	②	25	②	26	②	27	②	28	②	29	④	30	③
31	②	32	②	33	②	34	②	35	②	36	③	37	②	38	②	39	②	40	②
41	④	42	①	43	④	44	④	45	①	46	④	47	③	48	①	49	②	50	①
51	③	52	②	53	②	54	④	55	②	56	④	57	④	58	②	59	③	60	④

해설

음식 위생관리

1 미생물 증식 5대 조건 : 영양소, 수분, 온도, pH, 산소

2 채소를 통해 감염되는 기생충(중간숙주×) : 회충, 요충, 편충, 구충(십이지장충), 동양모양선충

3 육류를 통해 감염되는 기생충(중간숙주 1개)
- 무구조충(민촌충) : 소
- 유구조충(갈고리촌충) : 돼지
- 선모충 : 돼지

4 간디스토마(간흡충)
- 제1중간숙주 : 왜우렁이
- 제2중간숙주 : 담수어(붕어, 잉어)

5 4대 온열요소 : 기온, 기습(습도), 기류(바람), 복사열

6 일반적으로 생물화학적 산소요구량(BOD)과 용존산소량(DO)은 서로 반비례 관계에 있다.

7 소음에 의한 피해 : 수면장애, 두통, 위장기능 저하, 작업능률 저하, 정신적 불안정, 불쾌감, 신경쇠약 등

8 아플라톡신은 곰팡이 식중독 원인물질이다.

9 황변미 중독은 페니실리움 속 푸른곰팡이에 의해 저장 중인 쌀에 번식한다.

10 • 에르고톡신 : 맥각균의 간장독소
- 무스카린 : 독버섯

- 테트로도톡신 : 복어
- 솔라닌 : 감자

11 자연독 치사율
- 섭조개(삭시톡신) : 10%
- 모시조개, 굴, 바지락(베네루핀) : 45~50%
- 테트로도톡신 : 50~60%

12 클로스트리디움 보툴리눔 식중독 : 독소형, 혐기상태에서 생산된 독소, 신경독소(뉴로톡신)

13 황색포도상구균 식중독의 예방대책 : 화농성 질환자의 식품취급을 금한다.

14 살모넬라 식중독 원인식품 : 어패류, 육류, 난류, 우유 등

15 소독약 농도 : 알코올 70%

16 병원소는 병원체가 생활, 증식, 생존을 계속하여 인간에게 전파될 수 있는 상태로 저장되는 곳으로 생물(사람, 동물, 곤충), 무생물(토양, 물) 등이 있다.

17 • 장티푸스 : 세균
- 결핵 : 세균
- 유행성 간염 : 바이러스
- 발진열 : 리케차

18 • 벼룩 : 페스트, 발진열
- 쥐 : 렙토스피라증

19 • 세균 : 결핵
- 바이러스 : 일본뇌염, 공수병(광견병)

20 영업허가의 대상 : 식품조사처리업, 단란주점영업, 유흥주점영업

21 식품의약품안전처장은 국민보건을 위하여 필요한 경우에는 판매하거나 영업에 사용하는 기구 및 용기·포장에 관하여 제조 방법에 관한 기준, 기구 및 용기·포장과 그 원재료에 관한 규격을 정하여 고시한다.

22 N-니트로사민 : 육가공품의 발색제 사용으로 인한 아질산염과 제2급 아민이 반응하여 생성되는 발암물질

23 • 수은 중독 : 홍독성 흥분
• 카드뮴 중독 : 골연화증
• 비소 중독 : 구토, 위통

24 • 천연항산화제 : 비타민 E(토코페롤), 비타민 C(아스코르브산), 세사몰, 플라본 유도체, 고시폴
• 감미료 : 스테비아 추출물

25 골연화증은 카드뮴 중독으로 발생한다.

26 조리작업을 위해서는 조리복, 안전화, 위생모 등 적합한 복장을 모두 갖추어야 한다.

27 열량영양소 : 탄수화물, 지방, 단백질

28 알코올의 열량 : 7kcal/g

29 효소적 갈변 반응을 방지하기 위해서는 산화제 아니라 환원제를 첨가한다.

30 헤모글로빈은 동물성 혈색소이다.

31 카페인 : 알칼로이드성 물질, 커피의 자극성(쓴맛)

32 비타민 B_1(티아민) : 탄수화물 대사 조효소, 뇌와 신경조직 유지, 위액분비 촉진, 식욕 증진

33 비타민 D_2의 전구체인 에르고스테롤은 자외선을 조사하면 비타민 D_2(에르고칼시페롤)가 되며, '프로비타민 D'로 불린다.

34 • 건성유(요오드가 130 이상) : 아마인유, 들기름, 동유, 해바라기유, 정어리유, 호두기름 등
• 반건성유(요오드가 100~130) : 대두유(콩기름), 옥수수유, 청어기름, 채종유, 면실유, 참기름 등

• 불건성유(요오드가 100 이하) : 피마자유, 올리브유, 야자유, 동백유, 땅콩유 등

35 자유수는 0℃ 이하에서 동결된다.

36 • 이당류 : 설탕, 유당, 맥아당
• 단당류 : 과당

37 스타키오스
• 라피노오스에 갈락토오스가 결합된 4당류
• 대두에 많이 들어 있으며 인체 내에서 소화가 잘 안 되고 장내에 가스 발생

38 대치식품량
= (원래식품성분÷대치식품성분)×원래식품량
= (20.2g÷18.5)×150g = 163.78g ≒ 164g

39 신선한 우유
• 이물질이 없고, 냄새가 없으며, 색이 이상하지 않은 것
• 물속에 한 방울 떨어뜨렸을 때 구름같이 퍼져가며 내려가는 것
• pH 6.6

40 동결건조식품 : 한천, 건조두부, 당면 등

41 한식의 메뉴인 경우 주식, 국(찌개), 주찬, 부찬, 김치류의 순으로 식단표에 기재하여야 한다.

42 • 밀가루를 잴 때는 측정 직전에 체로 친 뒤 누르지 않고 담아 직선 spatula로 깎아 측정한다.
• 흑설탕을 측정할 때는 꾹꾹 눌러 담아 컵의 위를 직선 spatula로 깎아 측정한다.
• 쇼트닝을 계량할 때는 실온에서 부드럽게 하여 계량컵에 꼭 눌러 담은 뒤, 직선 spatula로 깎아 측정한다.

43 채소류 블랜칭의 장점
• 수분을 감소시켜 효소의 불활성화
• 산화반응의 억제
• 미생물 번식의 억제

44 전자레인지 : 초단파 조리로 식품이 함유하고 있는 물 분자의 급격한 진동을 유발하여 열을 발생시키는 방법

45 매쉬드 포테이토는 점성이 없고 보슬보슬한 충분히 숙성된 분질의 감자를 사용하여 만든다.

46 유지류의 조리 이용 특성 : 열전달 매개체, 유화, 연화, 가소성 등

47 어류는 토막을 친 것이 통째인 것보다 공기와 접촉하는 표면적이 크기 때문에 더 쉽게 부패한다.

48
• 지방은 거품 형성을 방해한다.
• 소금은 거품의 안정성에 기여하지 못한다.
• 묽은 달걀보다 신선란이 거품 형성을 방해한다.

49 우유의 카제인은 산(식초, 레몬즙), 효소(레닌), 페놀화합물(타닌), 염류 등에 의해 응고된다.

50 클로브
• 못처럼 생겨서 정향이라고도 함
• 양고기, 피클, 청어절임, 마리네이드 절임 등에 이용

51 아이스크림 : 크림에 설탕, 유화제, 안정제(젤라틴), 지방 등을 첨가하여 공기를 불어 넣은 후 동결

52 어육류는 냉동이나 해동 시에 질감 변화가 나타난다.

53 냉장 보관은 노화를 촉진하는 방법이다.

54 요오드와 반응하면 적자색을 띤다.

55 칼슘이온을 첨가하여 콩 단백질과 결합을 촉진시키면 두부가 단단해진다.

양식조리

56
• 뼈가 충분히 태워지지 않음 : 뼈를 짙은 갈색이 나도록 태움
• 이물질이 있음 : 소창으로 걸러냄
• 향이 적거나 무게감이 없을 경우 : 뼈를 추가로 더 넣음

57 샐러드의 기본 구성 : 바탕(base), 본체(body), 드레싱(dressing), 가니쉬(garnish)
※ 콩디망 : 전채 요리와 어울리는 양념, 조미료, 향신료

58 더운 시리얼로 귀리에 우유를 넣고 죽처럼 끓인 음식은 오트밀이다.

59 뵈르 블랑 소스가 분리가 날 경우 약간의 찬물이나 생크림을 냄비에 두르고 만들어둔 버터 소스를 조금씩 넣어가며 유화시켜 완성한다.

60 비네그레트 소스
• 기름 : 식초 = 3 : 1 비율
• 주로 야채에 곁들여 먹을 때 잘 어울림

정답

1	②	2	③	3	④	4	②	5	④	6	①	7	②	8	④	9	①	10	④
11	①	12	②	13	②	14	③	15	②	16	③	17	③	18	③	19	①	20	④
21	③	22	③	23	④	24	③	25	①	26	②	27	③	28	①	29	①	30	③
31	②	32	③	33	①	34	④	35	③	36	②	37	④	38	②	39	③	40	②
41	④	42	①	43	④	44	③	45	③	46	③	47	③	48	①	49	④	50	④
51	③	52	①	53	②	54	④	55	③	56	②	57	③	58	①	59	①	60	①

해설

음식 위생관리

1 발효 : 탄수화물이 미생물의 작용을 받아 유기산, 알코올 등을 생성하게 되는 현상(유일하게 먹을 수 있음)

2 대장균 최적 증식 온도 : 30~40℃

3 오염된 토양에서 맨발로 작업할 경우 경피감염 되는 것은 구충(십이지장충)이다.

4 광절열두조충(긴촌충)
   • 제1중간숙주 : 물벼룩
   • 제2중간숙주 : 민물고기(송어, 연어)

5 구충·구서의 일반적 원칙
   • 발생 원인 및 서식처 제거(가장 근본 대책)
   • 발생 초기에 실시
   • 구제 대상 동물의 생태, 습성에 맞추어 실시
   • 광범위하게 동시에 실시

6 용존산소량의 부족은 오염도가 높은 것을 의미

7 이산화황(SO_2) : 산성비의 원인, 달걀이 썩는 자극성 냄새가 나는 기체, 실외공기의 오염(대기오염) 지표

8 (한)의사 → 시장·군수·구청장 → 시·도지사 → 보건복지부장관, 식품의약품안전처장

9 감염형 세균성 식중독 : 살모넬라, 장염비브리오, 병원성 대장균, 클로스트리디움 퍼프리젠스 식중독

10 쥐, 바퀴벌레, 파리가 매개체인 것은 살모넬라 식중독이다.

11 클로스트리디움 보툴리눔 식중독 : 신경마비 증상(사시, 동공확대, 운동장애, 언어장애), 가장 높은 치사율

12 • 테트로도톡신 : 복어독
   • 베네루핀 : 모시조개독

13 알레르기성 식중독
   • 원인독소 : 히스타민
   • 원인균 : 프로테우스 모르가니

14 $KMnO_4$ 분자식을 그대로 읽으면 과망간산칼륨(과망가니즈산칼륨)이다.

15 식품첨가물은 소량으로도 효과가 커야 한다.

16 • 소르빈산칼륨 : 보존료
   • 차아염소산나트륨 : 살균제
   • 몰식자산프로필 : 산화방지제
   • 아질산나트륨 : 발색제

17 메틸알코올(메탄올, methanol) : 에탄올 발효 시 펙틴이 존재할 경우 생성, 두통, 구토, 설사, 심하면 실명

18 농업에서 식품을 채취하는 데에 쓰는 기계는 식품위생법상 기구로 분류하지 않는다.

19 도축이 금지되는 가축감염병 : 리스테리아병, 살모넬라병, 파스튜렐라병, 선모충증

20 지방, 트랜스지방, 포화지방은 식품 등의 표시 기준에 의해 표시해야 하는 대상성분이지만, 불포화지방은 대상성분이 아니다.

21 도소매 업소에서 판매하는 식품 등은 유상 수거 대상 식품이다.

22 감염원(병인-병원체, 병원소) : 감염병의 병원체를 내포하고 있어 감수성 숙주에게 병원체를 전파시킬 수 있는 근원이 되는 모든 것

23 수인성 감염으로 전파 : 콜레라, 이질, 장티푸스, 파라티푸스

24 모기 : 황열, 일본뇌염, 사상충증

25 칼, 도마는 식재료에 따라 각각 구분하여 사용해야 교차오염을 방지하고 위생적으로 조리할 수 있다.

26 납은 도료, 제련, 배터리, 인쇄 등의 작업에 많이 사용되므로 인쇄공은 납중독이 일어날 수 있다.

음식 안전관리

27 전열기에 물이 접촉되면 전기 감전이 발생할 수 있다.

음식 재료관리

28 수분활성도(Aw) : 임의의 온도에서 식품이 나타내는 수증기압에 대한 같은 온도에 있어서 순수한 물의 수증기압의 비율

29 단백질의 변성 요인 : 열, 산, 알칼리, 효소, 압력, 교반, 건조 등

30 5탄당 : 리보스, 아라비노스, 자일로스(크실로오스)

31 필수지방산 : 리놀레산, 리놀렌산, 아라키돈산

32 칼슘과 단백질의 흡수를 돕고 정장 작용을 하는 것은 젖당(유당)이다.

33 알칼리성 식품 : 과일, 야채, 해조류 등(Ca, Na, K, Mg, Fe, Cu, Mn(망간)을 많이 함유한 식품)

34 불포화지방산은 탄소와 탄소 사이의 결합에 1개 이상의 이중결합이 있는 지방산이다. 이중결합이 많을수록 요오드가가 높아지고 융점이 낮아 상온에서 액체로 존재한다.

35 4원미 : 단맛, 짠맛, 신맛, 쓴맛

36 오이나 배추로 김치를 담그거나, 시금치를 오래 삶았을 때 녹색이 갈색으로 변하는 것은 클로로필 색소의 변화 때문이다.

37 설탕 : 수크라아제

38 참기름에는 세사몰이라는 성분이 함유되어 있어 다른 유지류보다 산패에 대하여 비교적 안정적이다.

음식 구매관리

39 감자 100g : 72kcal = 감자 450g : x
∴ x = (72kcal × 450g) ÷ 100g = 324kcal

40 출고계수 = [100/(100−폐기율%)]
= 100/가식부율% = 100/70 = 1.43

양식 기초 조리실무

41 경화 : 불포화지방산에 수소를 첨가하고 촉매제를 사용하여 포화지방산으로 만드는 것(마가린, 쇼트닝 등)

42 토마토 크림수프를 만들 때 우유를 넣으면 산에 의한 응고가 일어난다.

43 급식소의 배수시설
• S트랩은 곡선형에 속한다.
• 배수를 위한 물매는 1/100 이상으로 한다.
• 찌꺼기가 많은 경우는 수조형 트랩이 적합하다.

44 슬라이서 : 고기를 일정한 두께로 저밀 때 사용

45 전분의 노화(β화) : 호화된 전분(α전분)을 상온이나 냉장고에 방치하면 수분의 증발 등으로 인해 날 전분(β전분)으로 되돌아가는 현상

46 전분의 호정화(덱스트린화)
• 날 전분(β전분)에 물을 가하지 않고 160~170℃로 가열했을 때 가용성 전분을 거쳐 덱스트린(호정)으로 분해되는 반응
• 누룽지, 토스트, 팝콘, 미숫가루, 뻥튀기 등

47 • 직접구이 : 석쇠 등 직화열을 이용하여 굽는 방법(숯불구이 등)
• 간접구이 : 프라이팬, 철판, 오븐 등을 이용하여 굽는 방법

48 녹색채소를 데칠 때에는 조리수의 양을 최대로 하여 끓는 물에 뚜껑을 열고 단시간에 데쳐 재빨리 헹구어야 색이 선명하다.

49 빵은 증기로 찌거나 전자 오븐으로 시간을 단축시켜 조리하면 갈색반응이 일어나지 않아 빵의 고유한 맛과 냄새가 나지 않는다.

50
- 로스팅 : 육류, 가금류 등을 통째로 구워내는 방법으로 오븐 굽기를 의미
- 브로일링 : 직화열을 이용하여 재료를 굽는 방법

51
- 강력분 : 경질의 밀로 만들며 마카로니, 식빵 제조에 알맞다.
- 중력분 : 다목적으로 사용된다.
- 박력분 : 탄력성과 점성이 약하다.

52 육류가공품인 소시지의 색은 담홍색이며 탄력성이 있는 것

53 흑설탕을 계량할 때는 계량컵에 꾹꾹 눌러 담아 컵의 위를 수평으로 깎아 측정한다.

54 설탕용액이 캐러멜로 되는 일반적인 온도 : 160~180℃

55 전분은 식물 체내에 저장되는 탄수화물로 열량을 공급한다.

양식조리

56
- 습열조리방법 : boiling, simmering
- 건열조리방법 : gratinating
- 복합조리방법 : stewing

57 파스타를 삶는 냄비는 깊이가 있어야 하며 물의 양은 파스타 양의 10배 정도가 알맞다.

58
- 베샤멜 소스 : 흰색
- 에스파뇰 소스 : 갈색
- 홀렌다이즈 소스 : 황색
- 토마토 소스 : 적색

59 알덴테 : 파스타 면이 씹히는 것이 느껴질 정도로 삶은 정도

60
- 콘소메 : 맑은 스톡을 사용하여 농축하지 않은 맑은 수프
- 크림수프, 차우더, 포타주 : 농후제를 사용한 진한 수프

정답

1	③	2	④	3	③	4	①	5	④	6	①	7	①	8	①	9	③	10	③
11	②	12	④	13	③	14	③	15	②	16	①	17	①	18	②	19	②	20	②
21	②	22	①	23	②	24	④	25	①	26	②	27	④	28	①	29	④	30	②
31	④	32	②	33	③	34	④	35	②	36	①	37	①	38	①	39	②	40	①
41	③	42	②	43	①	44	④	45	④	46	①	47	②	48	①	49	③	50	②
51	④	52	①	53	④	54	②	55	①	56	④	57	③	58	③	59	①	60	①

해설

음식 위생관리

1 식품위생감시원은 생산 및 품질관리일지의 작성 및 비치와는 상관이 없다. 대부분 단속, 확인, 지도 등을 한다.

2 집단급식소 : 영리를 목적으로 하지 아니하면서 특정 다수인에게 계속하여 음식물을 공급하는 기숙사, 학교, 병원, 사회복지시설, 산업체, 공공기관 그 밖의 후생기관 등의 급식시설로서 대통령령으로 정하는 시설(1회 50명 이상에게 식사를 제공하는 급식소)

3 식품위생법규상 수입식품의 검사결과 부적합한 수입식품 등에 대하여 수입신고인이 취해야 하는 조치
   • 수출국으로의 반송 또는 다른 나라로의 반출
   • 농림축산식품부장관의 승인을 받은 후 사료로의 용도 전환
   • 폐기

4 허위표시 및 과대광고는 공인된 사항에는 적용되지 않는다.

5 • 분변오염의 지표 : 대장균
   • 분변오염의 지표이자 냉동식품오염의 지표 : 장구균

6 독소형 식중독 : 황색포도상구균 식중독, 클로스트리디움 보툴리눔 식중독

7 유해성 표백제 : 롱가릿, 형광표백제

8 무스카린, 콜린, 아마니타톡신(알광대 버섯) : 독버섯 독성분

9 메틸알코올(메탄올) : 에탄올 발효 시 펙틴이 있을 때 생성되는 물질로 섭취 시 구토, 복통, 설사가 나타나고 심하면 시신경의 염증으로 실명할 수 있다.

10 방부 : 미생물의 생육을 억제 또는 정지시켜 부패를 방지

11 식품에서 흔히 볼 수 있는 푸른곰팡이는 페니실리움속이다. 황변미 중독은 페니실리움속 푸른곰팡이에 의해 저장 중인 쌀에 번식하여 발생한다.

12 육류 발색제 : 아질산나트륨, 질산나트륨, 질산칼륨 등

13 고온단시간살균법 : 70~75℃에서 15~30초 가열 살균 후 냉각(우유)

14 감각온도(체감온도)의 3요소 : 기온, 기습, 기류

15 폴리오는 음식물에 의해 전파된다.

16 잠복기가 긴 것 : 한센병(9개월~20년), 결핵(잠복기가 일정하지 않으며 가장 길다)

17 선모충 : 돼지고기에 의해 감염

18 승홍수 : 0.1%의 수용액

19 일반적으로 생물화학적 산소요구량(BOD)과 용존산소량(DO)은 서로 반비례 관계에 있다. 예를 들어 물이 오염된 경우 BOD ↑, DO ↓

20 소분 판매할 수 있는 식품은 벌꿀제품, 빵가루 등이다.

21 폐디스토마(폐흡충)
- 제1중간숙주 : 다슬기
- 제2중간숙주 : 가재, 게

22 석탄산
- 변소, 하수도 등 오물소독에 사용
- 소독약의 살균력 지표로 이용됨(유기물이 있어도 살균력이 약화되지 않음)

23 배추만을 중국에서 수입했으므로 배추김치(배추 중국산)로 표시한다.

음식 안전관리

24 몸에 불이 붙었을 경우 제자리에서 바닥에 구른다.

음식 재료관리

25 알리신 : 마늘에 들어있는 황화합물

26 아스타산틴
- 새우, 게, 가재 등에 포함된 색소
- 가열 및 부패에 의해 아스타신이 붉은색으로 변함

27 비타민 C인 아스코르빈산은 강한 환원력이 있어 식품가공에서 갈변이나 향이 변하는 산화반응을 억제하는 효과가 있으며, 안전하고 실용성이 높은 산화방지제로 사용된다.

28 탄수화물 대사 조효소는 vit B₁(티아민)이다.

29
- 알칼리성 식품 : 과일, 야채, 해조류 등(Ca, Na, K, Mg, Fe, Cu, Mn(망간)을 많이 함유한 식품)
- 산성 식품 : 곡류, 육류, 어류 등(P, S, Cl 등을 많이 함유한 식품)

30 불건성유(요오드가 100 이하) : 피마자유, 올리브유, 야자유, 동백유, 땅콩유 등

31 단맛의 강도 : 과당 〉 설탕 〉 포도당 〉 맥아당 〉 갈락토오스 〉 유당

32 필수지방산 : 리놀레산, 리놀렌산, 아라키돈산

33 고구마 절단면의 변색, 홍차의 적색, 다진 양송이의 갈색은 폴리페놀 옥시다아제의 효소적 갈변이고 간장의 갈색은 캐러멜화 반응으로 비효소적 갈변이다.

음식 구매관리

34 판매가격 = 총원가 + 이익

35 총 발주량 = [100/(100-폐기율)]×정미중량×인원수

양식 기초 조리실무

36
- 젤라틴 : 아이스크림, 마시멜로, 족편, 젤리, 아이스크림 등
- 한천 : 양갱, 양장피 등

37 해조류에서 추출한 점액질 물질인 알긴산은 식품에 점성을 주고 안정제, 유화제로서 이용된다.

38 홍조류 : 김, 우뭇가사리 등

39 조미료의 사용 순서 : 설탕 → 소금 → 식초 → 간장 → 된장 → 고추장

40 글리시닌 : 콩 단백질인 글로불린에 가장 많이 함유하고 있는 성분

41 신선한 달걀은 6% 소금물에 담갔을 때 가라앉는 것이다.

42 생선은 결체조직의 함량이 낮으므로 주로 건열조리법을 사용해야 한다.

43 생선의 육질이 육류보다 연한 이유는 콜라겐과 엘라스틴의 함량이 적기 때문이다.

44 글리코겐 : 동물의 저장 탄수화물

45 액토미오신의 합성은 사후경직 시 나타나는 현상이다.

46 여러 번 사용하여 유리지방산의 함량이 높을수록 발연점이 낮아진다.

47 대두의 아미노산 조성은 메티오닌, 시스테인이 적고 리신, 트립토판이 많다.

48 다량의 수소이온은 노화를 촉진시킨다.

49 폐기물 용기는 내수성 재질을 사용한다.

50 조리를 통해 식품 자체에 영양성분을 보충할 수 없다.

51 우유를 응고시키는 요인 : 산(식초, 레몬즙), 효소(레닌), 페놀화합물(탄닌), 염류 등

52 강력분(글루텐 함량 13% 이상) : 식빵, 마카로니, 파스타 등

53 메틸메르캅탄(methyl mercaptan) : 입 냄새나 음식물이 썩을 때 악취를 유발하는 황화합물

54 쓴맛은 온도가 높을수록 약하게 느껴진다.

55 • 인단백질 = 단순단백질 + 인
  • 지단백질 = 단순단백질 + 지질
  • 당단백질 = 단순단백질 + 당질
  • 핵단백질 = 단순단백질 + 핵산

양식조리

56 노른자는 만들 분량에 따라 조절하여 사용할 수 있다.

57 양지는 결합조직이 질기므로 미트볼, 햄버거 패티, 콘비프 등에 많이 사용된다.

58 전채 요리의 양과 크기가 주요리보다 크거나 많지 않게 주의한다.

59 스프레드 사용 목적
  • 코팅제 : 속 재료의 수분이 빵을 눅눅하게 하는 것을 방지
  • 접착성 : 속 재료, 가니쉬의 접착성을 높임
  • 맛의 향상 : 과일잼(단맛), 타페나드(짠맛, 고소한 맛), 마요네즈, 버터(고소한 맛)
  • 감촉 : 촉촉한 감촉을 위해 사용

60 • 습열조리법 : steaming, glazing, simmering
  • 건열조리법 : baking

정답

1	③	2	①	3	④	4	①	5	①	6	①	7	①	8	①	9	③	10	①
11	②	12	④	13	②	14	④	15	①	16	②	17	②	18	③	19	②	20	①
21	④	22	①	23	④	24	②	25	①	26	②	27	②	28	②	29	②	30	①
31	③	32	②	33	②	34	②	35	②	36	②	37	③	38	②	39	②	40	③
41	③	42	②	43	③	44	④	45	①	46	③	47	④	48	②	49	②	50	④
51	①	52	①	53	②	54	④	55	②	56	③	57	①	58	③	59	③	60	②

해설

음식 위생관리

1 복어의 독소량 : 난소 〉 간 〉 내장 〉 피부

2 감염형 세균성 식중독은 살모넬라 식중독, 장염 비브리오 식중독, 병원성 대장균 식중독이다.

3 알레르기 식중독의 원인독소는 히스타민, 원인균은 프로테우스 모르가니이다.

4 무구조충(민촌충)은 소를 섭취하여 발생한다.

5 조리장의 위생해충은 정기적인 약제사용이 필요하고, 영구적으로 박멸되지는 않는다.

6 • 부패한 감자 : 셉신
• 살구, 청매의 유독성분 : 아미그달린
• 독미나리 : 시큐톡신
• 곰팡이독 : 마이코톡신

7 데시벨(decibel, dB) : 소리의 상대적인 강도(세기)를 나타내는 단위

8 식품의 공전은 식품의약품안전처장이 작성하는 것으로 식품이나 식품첨가물의 기준과 규격을 수록한 것이다.

9 산패 : 유지가 공기 중의 산소, 일광, 금속(Cu, Fe)에 의해 변질되는 현상

10 감수성지수(접촉감염지수) : 두창, 홍역(95%) 〉 백일해(60~80%) 〉 성홍열(40%) 〉 디프테리아(10%) 〉 폴리오(0.1%)

11 분변오염의 지표 : 대장균

12 카드뮴 중독 : 이타이이타이병 발생, 신장장애, 단백뇨, 골연화증

13 평균수명에서 질병이나 부상 등으로 인하여 활동하지 못한 기간을 뺀 수명은 건강수명이다.

14 군집독 : 다수인이 밀집한 곳의 실내공기는 화학적 조성이나 물리적 조성의 변화로 인해 두통, 불쾌감, 권태, 현기증, 구토 등의 생리적 이상을 일으키는 현상

15 콜레라는 병원체가 세균인 소화기계 감염병으로 위장장애, 구토, 설사, 탈수 등을 일으킨다.

16 • 폴리오 : 바이러스
• 발진티푸스 : 리케차
• 홍역 : 바이러스

17 클로스트리디움 보툴리눔 식중독의 원인식품은 통조림, 병조림, 햄, 소시지이다.

18 곰팡이 : 건조 상태에서 증식 가능, 곡류에서 번식, 포자번식, 미생물 중 가장 크기가 큼

19 위염환자는 조리가 가능하다.

20 인공능동면역 백신에는 생균백신, 사균백신, 순화독소가 있으며, 순화독소로 영구면역을 획득하는 질병에는 파상풍, 디프테리아가 있다.

21 HACCP 12절차의 첫 번째 단계는 HACCP팀 구성이다. 7단계 수행절차의 첫 번째가 위해요소의 분석이다.

22 건수율은 일정기간 중의 평균 실 근로자수 1,000명당 발생하는 재해건수의 발생빈도를 나타내는 지표를 말한다.

음식 안전관리

23 위험도 경감 전략의 핵심요소는 위험요인 제거, 위험발생 경감, 사고피해 경감을 고려해야 한다.

음식 재료관리

24 • 클로로필은 마그네슘을 중성원자로 하고 산에 의해 페오피틴이라는 갈색물질로 된다.
• 플라보노이드 색소는 산성-알칼리성으로 변함에 따라 백색-담황색으로 된다.
• 동물성 색소 중 근육색소는 미오글로빈이고, 혈색소는 헤모글로빈이다.

25 섬유소(셀룰로오스)는 식물의 세포벽 구성 성분으로, 장의 운동을 촉진하여 변비를 예방하지만, 이는 열량영양소가 아니다.

26 치즈는 유단백질인 카제인을 효소인 레닌에 의하여 응고시켜 만든 발효식품

27 밀가루의 단백질은 탄성이 높은 글루테닌(glutenin)과 점성이 높은 글리아딘(gliadin)으로 분류되며, 밀가루에 물을 첨가하고 반죽하게 되면 높은 점성과 탄성을 가진 글루텐(gluten)이 형성된다.

28 • 일반성분 : 수분, 탄수화물, 지방, 단백질, 무기질, 비타민
• 특수성분 : 색, 향, 맛, 효소, 유독성분 등

29 북어포 : 단백질, 무기질

30 • 식품의 신맛의 정도는 수소이온농도와 비례한다.
• 동일한 pH에서 무기산이 유기산보다 신맛이 더 약하다.
• 포도, 사과의 상쾌한 신맛 성분은 호박산과 주석산이다.

31 일반적으로 신맛은 다른 맛에 비해 온도변화에 영향을 받지 않는다.

32 맛의 대비현상 : 서로 다른 2가지 맛이 작용해 주된 맛성분이 강해지는 현상

33 단당류 : 5탄당(리보스, 아라비노스, 자일로스), 6탄당(포도당, 과당, 갈락토오스, 만노오스)

34 마이야르 반응(아미노카르보닐, 멜라노이드 반응)은 비효소적 갈변 현상이다.

35 한국인의 영양섭취기준에 따른 성인의 3대 영양소 섭취량 : 탄수화물 55~70%, 지방 15~30%, 단백질 7~20%

36 자유수는 미생물의 번식과 발아에 이용된다.

37 동물성 색소 : 미오글로빈(육색소), 헤모글로빈(혈색소), 아스타산틴, 헤모시아닌

음식 구매관리

38 • 검수 : 운반차, 온도계
• 전처리 : 탈피기, 절단기, 싱크
• 세척 : 손소독기, 식기소독고

39 정확한 재고수량을 파악함으로써 불필요한 주문을 방지하여 구매비용 절약

40 가식부율 : 곡류·두류·해조류·유지류 등(100) 〉 달걀(80) 〉 서류(70) 〉 채소류·과일류(50) 〉 육류(40) 〉 어패류(15)

41 수의계약은 공급업자들의 경쟁 없이 계약을 이행할 수 있는 특정업체와 계약을 체결하므로 오히려 불리한 가격으로 계약하기 쉽다.

양식 기초 조리실무

42 녹색채소를 데칠 때 처음 2~3분간은 뚜껑을 열어 휘발성 산을 증발시키고, 고온 단시간 가열하여 클로로필과 산이 접촉하는 시간을 줄이면 녹갈색으로 변색되는 것을 방지할 수 있다.

43 박력분 : 탄력성과 점성이 약하다.

44 생선구이 시 석쇠 금속의 부착을 방지하기 위해서는 기름을 바른다.

45 조리장이 지하에 위치하면 통풍과 채광이 잘 되지 않아 적합하지 않다.

46 산화방지제는 유지의 산패로 인한 식품의 품질 저하를 방지하기 위해 상승제와 함께 사용하는 물질이다.

47 난황계수 = 난황의 높이(mm) ÷ 난황의 평균 직경(mm)
∴ 난황계수 = 15(mm) ÷ 40(mm) = 0.375

48 버터
  - 우유의 유지방을 응고시켜 만든 유중수적형의 유가공 식품
  - 80% 이상의 지방을 함유

49 우유의 균질화는 우유의 지방 입자의 크기를 미세하게 하여 유화상태를 유지하려는 과정으로, 지방의 소화를 용이하게 하고, 지방구의 크기를 균일하게 만들며, 큰 지방구의 크림층 형성을 방지한다.

50 두부응고제 : 염화칼슘($CaCl_2$), 황산칼슘($CaSO_4$), 황산마그네슘($MgSO_4$), 염화마그네슘($MgCl_2$)

51 만니톨 : 건조된 갈조류 표면의 흰가루 성분, 단맛

52 사포닌 : 대두와 팥의 성분 중 거품을 내며 용혈작용을 하는 독성분, 가열 시 파괴

53 우유는 투명기구를 사용하여 액체 표면의 아랫부분을 눈과 수평으로 하여 계량한다.

54
  - 쌀을 너무 문질러 씻으면 수용성 비타민 B_1의 손실이 크다.
  - pH 7~8의 산성물을 사용해야 밥맛이 좋아진다.
  - 수세한 쌀은 30~50분 물에 담가 놓아야 흡수량이 적당하다.

55 펙틴 : 당과 산이 존재하는 조건 하에서 겔(Gel)을 형성하여 잼, 젤리를 만드는 데 이용

양식조리

56 ①, ②, ④는 정육면체 모양이다.

57 미르포아(mirepoix) : 양파 50%, 당근 25%, 셀러리 25%의 비율

58 오버 미디엄 : 흰자는 익고 노른자는 반쯤 익힌 달걀요리

59 베샤멜 소스
양파 : 버터 : 밀가루 : 우유 = 1 : 1 : 1 : 20

60 사각형 모양을 기본으로 반달, 원형 등 두 개의 면 사이에 속을 채워 만든 것은 라비올리에 대한 설명이다.

양식조리기능사 필기 모의고사 ❽ 정답 및 해설

정답

1	④	2	④	3	②	4	②	5	④	6	④	7	①	8	②	9	①	10	③
11	①	12	①	13	①	14	①	15	④	16	③	17	④	18	③	19	④	20	②
21	①	22	①	23	③	24	③	25	②	26	④	27	②	28	④	29	④	30	①
31	④	32	①	33	①	34	③	35	③	36	②	37	②	38	④	39	④	40	②
41	③	42	①	43	②	44	③	45	④	46	②	47	③	48	③	49	②	50	②
51	③	52	③	53	④	54	③	55	④	56	③	57	④	58	①	59	①	60	③

해설

음식 위생관리

1 위생모에 대한 설명이다.

2 미생물의 종류 : 곰팡이, 효모, 스피로헤타, 세균, 리케차, 바이러스 등

3 미생물의 크기 : 곰팡이 〉효모 〉스피로헤타 〉세균 〉리케차 〉바이러스

4 중온균 : 25~37℃, 질병을 일으키는 병원균

5 보존료의 종류 : 데히드로초산, 안식향산, 소르빈산, 프로피온산

6 식품공전 상 표준온도는 18~20℃를 말한다.

7 • 솔라닌 : 감자
  • 리신 : 피마자
  • 시큐톡신 : 독미나리
  • 아미그달린 : 청매

8 • 베네루핀 : 모시조개, 굴, 바지락, 고동
  • 시큐톡신 : 독미나리
  • 테트라민 : 고동, 소라
  • 테무린 : 독보리

9 곰팡이에 관련된 식중독은 곡류 발효식품의 저장에 관계되는 것이므로 섭취하는 것과 상관없다.

10 포도상구균의 독소인 엔테로톡신은 열에 강하므로 가열조리해서 예방하기 어렵다.

11 이산화탄소(CO_2)의 서한량 : 0.1%

12 수인성 감염병은 성별, 나이, 생활수준, 직업에 관계없이 발생한다.

13 • 모기 : 사상충
  • 바퀴 : 이질, 콜레라, 장티푸스, 폴리오 등

14 환경위생을 철저히 함으로서 예방 가능한 감염병은 콜레라, 장티푸스, 파라티푸스, 세균성이질 등이다.

15 오염된 토양에서 맨발로 작업할 경우 경피감염되는 것은 구충(십이지장충)이다.

16 DPT
  D : 디프테리아, P : 백일해, T : 파상풍

17 생후 가장 먼저 예방접종을 실시하는 것은 BCG(결핵)이다.

18 요충 : 집단감염, 항문에 기생

19 자외선은 일광의 3분류 중 파장이 가장 짧으며 비타민 D를 형성하여 구루병을 예방하고, 피부 색소 침착을 일으킨다.

20 식품에서 흔히 볼 수 있는 푸른곰팡이는 페니실리움속이다.

21 냉장의 목적 : 신선도 유지, 미생물의 증식 억제, 자기 소화 지연 및 억제 등

22 잠함병–고기압 상태

23 전열기에 물이 접촉되면 전기 감전이 발생할 수 있다.

24 영양섭취기준 : 평균필요량, 권장섭취량, 충분섭취량, 상한섭취량

25 결합 조직의 콜라겐이 젤라틴화 되면서 조직이 부드러워진다.

26 과실 중 밀감이 쉽게 갈변되지 않는 이유는 비타민 C의 함량이 많기 때문이다. 비타민 C는 다른 물질의 산화를 막는 항산화 작용을 하므로 갈변 현상을 억제한다.

27 • 무스카린 : 독버섯
　• 뉴린 : 독버섯, 난황 및 썩은 고기
　• 몰핀 : 아편의 주성분인 알칼로이드

28 비타민 B$_{12}$는 코발트(Co)를 함유한다.

29 타우린 : 오징어, 문어, 조개류

30 알칼리성 식품 : 과일, 야채, 해조류 등(Ca, Na, K, Mg, Fe, Cu, Mn(망간)을 많이 함유한 식품)

31 • 에스테르류 : 주로 과일향
　• 황화합물 : 마늘, 양파, 파, 무, 부추, 고추냉이 등
　• 테르펜류 : 감귤류 껍질, 허브의 향기와 쓴맛

32 열량영양소 : 탄수화물, 지방, 단백질

33 검화(Saponification Value, 비누화) : 지방이 수산화나트륨(NaOH)에 의하여 가수분해되어 글리세롤과 지방산의 Na염(비누)을 생성하는 현상

34 성인이 필요한 필수아미노산(8가지) : 트립토판, 발린, 트레오닌, 이소루신, 루신, 리신, 페닐알라닌, 메티오닌

35 비타민 D : 버섯 등에 에르고스테롤(ergosterol)로 존재한다.

36 검수구역은 배달 구역 입구, 물품저장소(냉장고, 냉동고, 건조창고) 등과 인접한 장소에 있어야 한다.

37 제조원가 = 직접재료비 + 직접노무비 + 직접경비 + 간접재료비 + 간접노무비 + 간접경비
　　　= (180,000 + 100,000 + 10,000) + (50,000 + 30,000 + 100,000)
　　　= 470,000원

38 경영손실을 제품가격에서 만회하는 것은 원가계산의 목적이 아니다.

39 • 곡류 : 쌀, 보리, 조, 수수 등
　• 두류 : 대두, 강낭콩, 완두콩 등

40 멥쌀의 아밀로오스와 아밀로펙틴의 비율은 20:80이다.

41 한천(agar)
　• 우뭇가사리 등 홍조류에 존재하는 점질물로 동결건조한 제품
　• 빵, 양갱, 젤리, 우유 등의 안정제로 사용

42 난황의 유화성 : 난황의 인지질인 레시틴이 유화제로 작용

43 자기소화 : 사후경직이 끝난 후 어패류 속에 존재하는 단백질 분해효소에 의해 일어남

44 쌀의 변질과 가장 관계가 깊은 것은 곰팡이이다.

45 시금치는 끓는 물에 소금을 넣어 빠르게 데치고 찬물에 헹구어야 비타민 C의 손실을 적게 할 수 있다.

46 끓이기의 특징 : 영양분의 손실이 비교적 많고 식품의 모양이 변형되기 쉬움

47 녹변현상
　• 달걀을 오래 삶았을 때 난황 주위에 암녹색의 변색이 일어나는 현상
　• 난백의 황화수소와 난황의 철분이 결합하여 황화철(FeS)을 형성하기 때문

48 포도씨유, 대두유, 옥수수유 등이 발연점이 높다.

49 병원급식 : 15리터, 학교급식 : 5리터, 공장급식 : 7리터, 기숙사급식 : 8리터

50 식육의 동결과 해동 시 조직 손상을 최소화 할 수 있는 방법은 급속 동결, 완만 해동이다.

51 겨자의 매운맛 성분은 시니그린이고, 40~45℃에서 가장 강한 매운맛을 느낀다.

52 육류, 어류는 고온에서 급속 해동하면 드립이 발생되므로, 냉장고나 냉장온도(5~10℃)에서 자연 해동시켜야 위생적이며 영양 손실이 가장 적다.

53 밀가루 반죽 시 물의 기능
- 소금의 용해를 도와 반죽을 골고루 섞이게 함
- 반죽의 경도에 영향
- 글루텐 형성
- 전분의 호화 촉진

54 녹색채소를 데칠 때 처음 2~3분간은 뚜껑을 열어 휘발성 산을 증발시키고, 고온 단시간 가열하여 클로로필과 산이 접촉하는 시간을 줄이면 녹갈색으로 변색되는 것을 방지할 수 있다.

55 복숭아, 오렌지 등의 과일은 껍질을 벗겨두면 갈색으로 변한다.

양식조리

56 샐러드 드레싱은 미리 뿌리지 않고 제공할 때 뿌린다.

57 샌드위치는 전체적으로 심플하고 청결하며 깔끔하게 담아야 한다.

58 녹은 버터에 동량의 밀가루를 넣어 가열하지 않고 섞은 농후제는 뵈르 마니에이다. 루는 가열한다.

59 음식물이 위에서 내리쬐는 열로 인하여 조리하고, 음식물을 익히거나 색깔을 내거나 뜨겁게 보관할 때 사용하는 조리기구는 샐러맨더이다.

60 올리브색으로 부케가르니의 필수 재료이자 거의 모든 요리에 사용하는 향신료는 월계수잎이다.

정답

1	②	2	④	3	④	4	③	5	④	6	②	7	③	8	②	9	②	10	④
11	①	12	③	13	①	14	①	15	③	16	④	17	②	18	④	19	②	20	④
21	④	22	②	23	①	24	③	25	④	26	②	27	④	28	①	29	③	30	④
31	①	32	③	33	②	34	②	35	③	36	④	37	②	38	②	39	②	40	③
41	①	42	④	43	②	44	④	45	④	46	②	47	②	48	②	49	②	50	④
51	②	52	③	53	③	54	①	55	④	56	③	57	①	58	②	59	③	60	④

해설

음식 위생관리

1 통조림의 주원료는 주석으로 캔의 부식으로 용출되면 구토, 설사, 복통 등을 일으킨다.

2 미생물 생육에 필요한 인자 : 영양소, 수분, 온도, 산소, pH

3 초고온순간살균법 : 130~140℃에서 1~2초 가열 살균 후 냉각, 우유

4 식품의 부패 판정 : 식품 1g당 10^7~10^8일 때 초기부패로 판정한다.

5 도마는 세척이나 소독 후 반드시 건조시켜야 세균 번식을 예방할 수 있다.

6 5'-이노신산나트륨, 5'-구아닐산나트륨, L-글루탐산나트륨의 주요 용도는 조미료로 식품의 향미를 강화 또는 증진시키기 위하여 사용한다.

7 글리코겐 : 동물의 간, 근육에 존재하는 다당류

8 수인성 감염병 : 장티푸스, 파라티푸스, 콜레라, 세균성 이질 등

9 식품 : 의약으로 섭취되는 것을 제외한 모든 음식물

10 휴게음식점 또는 제과점은 객실(투명한 칸막이 또는 투명한 차단벽을 설치하여 내부가 전체적으로 보이는 경우는 제외)을 둘 수 없다.

11 곡류에 가장 잘 발생하는 미생물은 곰팡이로 곰팡이는 수분량 13% 이하에서 발육이 억제되어 변패를 억제할 수 있다.

12 N-니트로사민 : 육가공품의 발색제 사용으로 인한 아질산염과 제2급 아민이 반응하여 생성되는 발암물질

13 방사선조사식품 : 열을 가하지 않고 방사선을 이용하여 식품 속의 세균, 기생충 등을 살균한 식품

14 보통비누로 먼저 때를 씻은 후 역성비누를 사용하는 것이 바람직하다.

15 식품공전 상 표준온도는 18~20℃를 말한다.

16 군집독 : 다수인이 밀집한 곳의 실내공기가 화학적 조성이나 물리적 조성의 변화로 인해 두통, 불쾌감, 권태, 현기증, 구토 등의 생리적 이상을 일으키는 현상

17 기온의 역전 : 상부기온이 하부기온보다 높아지는 현상, LA스모그, 런던스모그

18 일반음식점영업 : 음식류를 조리·판매하는 영업으로서 식사와 함께 부수적으로 음주행위가 허용되는 영업

19 어패류 매개 기생충 질환의 가장 확실한 예방법은 생식금지이다.

20 유구조충(갈고리촌충)의 중간숙주는 돼지이다.

21 혐기성 처리 – 부패조처리법, 임호프탱크법

22 칼의 방향은 몸의 반대쪽으로 놓고 사용한다.

23 황 함유 아미노산 : 메티오닌, 시스테인

24 식물체의 색소인 카로틴은 동물 체내에서 쉽게 비타민 A로 변하여 '프로비타민 A'라고도 한다.

25 펙틴 : 영양소를 공급할 수 없으나 식이섬유소 기능

26 경화(수소화) : 불포화지방산에 수소를 첨가하고 촉매제를 사용하여 포화지방산으로 만드는 것(마가린, 쇼트닝 등)

27 디아세틸 : 버터, 마가린, 치즈 등 유제품 향기 성분

28 5탄당(리보스, 아라비노스, 자일로스)

29 클로로필은 산성(식초물)에 녹황색(페오피틴)으로 변한다.

30 효소적 갈변
- 폴리페놀 옥시다아제 : 채소류나 과일류를 자르거나 껍질을 벗길 때의 갈변, 홍차 갈변
- 티로시나아제 : 감자 갈변

31 안토시아닌 색소는 산성 – 적색, 중성 – 자색, 알칼리 – 청색으로 변한다.

32 효소의 활성은 온도가 올라갈수록 증가하지만, 특정온도 이상이 되면 열변성에 의한 활성은 떨어지거나 사라진다.

33 요오드(I)는 갑상선 호르몬(티록신)의 구성성분으로, 유즙의 분비를 촉진한다. 결핍되면 갑상선종, 크레틴병(성장 정지)이 나타나고, 급원식품으로는 해조류(미역, 다시마 등) 등이 있다.

34 기초식품군은 사람의 생활과 식습관의 개선을 위해 반드시 섭취해야 하는 식품들로 무기질과 비타민을 공급하려면 채소류·과일류로 구성하는 것이 좋다.

35 수용성 비타민 : 티아민(비타민 B_1), 리보플라빈(비타민 B_2), 아스코르브산(비타민 C) 등

36
- 비타민 C 결핍 : 괴혈병
- 비타민 B_1 결핍 : 각기병

37 고정비 : 일정한 기간 동안 조업도의 변동에 관계없이 항상 일정액으로 발생하는 원가로 감가상각비, 노무비, 보험료, 제세공과 등이 포함

38 미역국 1인분 재료비 = (20g × 150원/100g당) + (60g × 850원/100g당) + 70 = 610원
∴ 미역국 10인분 재료비 = 610원 × 10 = 6,100원

39 제조원가 = (직접재료비 + 직접노무비 + 직접경비) + 제조간접비(간접재료비 + 간접노무비 + 간접경비)
= (10,000원 + 23,000원 + 15,000원) + 15,000원
= 63,000원

40 검수관리 : 식품의 품질, 무게, 원산지가 주문 내용과 일치하는지를 확인하고, 유통기한, 포장 상태 및 운반차의 위생 상태 등을 확인하는 것

41 연제품 제조 시 어육단백질을 용해하며 탄력성을 주기 위해서 소금을 반드시 첨가한다.

42 전분의 호정화(덱스트린화)
- 날 전분(β 전분)에 물을 가하지 않고 160~170℃로 가열했을 때 가용성 전분을 거쳐 덱스트린(호정)으로 분해되는 반응
- 누룽지, 토스트, 팝콘, 미숫가루, 뻥튀기 등

43 붉은살 생선 : 수온이 높고 얕은 곳에 살며, 수분함량이 적고, 지방함량이 5~20%로 많음(꽁치, 고등어, 다랑어 등)

44
- 겨자 : 시니그린
- 캡사이신 : 고추

45 복숭아의 껍질을 벗겨 공기 중에 놓으면, 폴리페놀옥시다아제에 의해 산화되어 갈색의 멜라닌으로 전환된다.

46 열변성이 되지 않은 어육단백질이 생강의 탈취 작용을 방해하기 때문에 고기나 생선이 거의 익은 후에 생강을 넣어준다.

47 계란의 껍질이 반들반들하고 매끄러운 것은 부패한 것이다.

48 전분의 호정화(덱스트린화) : 날 전분(β전분)에 물을 가하지 않고 160~170℃로 가열했을 때 가용성 전분을 거쳐 덱스트린(호정)으로 분해되는 반응

49 식육의 동결과 해동 시 조직 손상을 최소화 할 수 있는 방법은 급속 동결, 완만 해동으로 저온(냉장)에서 서서히 해동시키는 것이 가장 바람직하다.

50 유지의 산패에 영향을 미치는 요인
- 광선 및 자외선은 유지의 산패 촉진
- 금속(구리, 철, 납, 알루미늄 등)은 유지의 산패 촉진
- 수분이 많을수록 유지의 산패 촉진
- 저장 온도가 0℃ 이하가 되도 산패가 방지되지는 않음

51 달걀의 응고성(농후제)
- 설탕을 넣으면 응고 온도가 높아짐(응고 지연)
- 식염(소금)이나 산(식초)을 첨가하면 응고온도가 낮아짐(응고 촉진)
- 온도가 높을수록 가열시간이 단축되지만 응고물은 수축하여 단단하고 질겨짐

52 연기의 나쁜 성분인 아크롤레인이 발생하여 지방이 많은 식재료는 직화구이를 하지 않는 것이 좋다.

53 비타민 E는 항산화제이다.

54 두유 : 삶은 콩을 갈아 만든 음료

55 두부는 콩 단백질이 무기염류에 의해 변성(응고)되는 성질을 이용하여 만든다.

양식조리

56 • bread knife : 여러 종류의 빵을 자를 때 사용
- paring knife : 야채나 과일의 껍질을 벗길 때 사용
- salmon knife : 훈제된 생선을 얇게 자를 때 사용

57 육질이 질긴 부위에 주로 사용하는 조리법은 스톡을 넣고 오래 끓여주는 스튜잉, 브레이징이 적합하다.

58 샐러드에 주로 사용하는 가금류 : 닭가슴살, 닭다리살, 훈제 오리 가슴살 등

59 와플은 표면이 벌집모양이며 바삭한 맛을 가지고 있어 브런치, 디저트로 인기가 높다. 그중 벨기에식 와플은 이스트와 달걀흰자를 이용하여 만든다.

60 미르포와를 만들 때 양파 50%, 당근 25%, 셀러리 25%로 비율은 2:1:1이다.

정답

1	③	2	③	3	③	4	②	5	③	6	②	7	③	8	①	9	③	10	③
11	①	12	③	13	②	14	③	15	①	16	②	17	①	18	④	19	②	20	④
21	①	22	④	23	④	24	②	25	④	26	①	27	②	28	②	29	③	30	②
31	③	32	③	33	③	34	③	35	③	36	②	37	③	38	①	39	①	40	④
41	②	42	②	43	②	44	④	45	③	46	②	47	③	48	①	49	①	50	③
51	③	52	①	53	④	54	②	55	③	56	③	57	④	58	①	59	③	60	②

해설

음식 위생관리

1 분변오염의 지표는 대장균이다.

2 아니사키스충 : 갑각류 _{제1중간숙주} → 포유류((돌)고래 등) _{제2중간숙주}

3 영아사망률은 1년 간 출생 후 1,000명당 생후 1년 미만의 사망자 수를 의미하며 가장 대표적인 보건수준 평가지표이다.

4 승홍수(0.1%)
- 손, 피부 소독에 주로 사용
- 금속부식성이 있어 비금속기구 소독에 사용
- 단백질과 결합 시 침전이 생김

5 식품첨가물의 사용목적
- 품질유지, 품질개량에 사용
- 영양 강화
- 보존성 향상
- 관능만족

6 사용가능 감미료 : 사카린나트륨, D – 소르피톨, 아스파탐, 글리실리진산이나트륨

7 감염 후 면역성이 획득되지 않아 여러 번 세균성 식중독이 발생할 수 있다.

8 황색포도상구균 식중독
- 원인독소 : 엔테로톡신(장독소, 열에 강함)
- 잠복기 : 평균 3시간(잠복기가 가장 짧음)
- 예방 : 손이나 몸에 화농이 있는 사람 식품취급 금지

9 삭시톡신은 자연독 식중독이다.

10 식품 자체에 함유되어 있는 동식물성은 자연독에 의한 식중독이다.

11 식품의 공전은 식품의약품안전처장이 작성하는 것으로 식품이나 식품첨가물의 기준과 규격을 수록한 것이다.

12 식품위생감시원의 직무 : 영업자 및 종업원의 건강진단 및 위생교육의 이행 여부의 확인 및 지도

13 조리사 또는 영양사가 타인에게 면허를 대여하여 이를 사용하게 한 때
- 1차 위반 : 업무정지 2월
- 2차 위반 : 업무정지 3월
- 3차 위반 : 면허취소

14 수인성 감염병의 특징 : 성별, 나이, 생활수준, 직업에 관계없이 발생

15 환경위생을 철저히 함으로써 예방가능한 감염병은 콜레라, 장티푸스, 파라티푸스, 세균성 이질 등이다.

16 인공능동면역은 예방접종을 한 후 얻은 면역을 말하며, 우리나라에서 아기가 태어나서 가장 먼저 실시하는 것은 BCG(결핵)이다.

17 DPT : 디프테리아, 백일해, 파상풍

18
- 유행성 출혈열 : 쥐
- 말라리아 : 중국얼룩날개 모기

19 안전화에 대한 설명이다.

20 HACCP 12절차 중 첫 단계는 HACCP팀 구성이다. 위해요소분석은 HACCP 7단계의 첫 단계이다.

21 소각법 : 가장 위생적(세균사멸), 대기오염 발생원인 우려(다이오신 발생)

22 공중보건의 대상 : 개인이 아닌 지역사회(시·군·구)가 최소단위

23 위험요인에 노출된 근무경력이 15~20년 이후에 잘 발생한다.

음식 안전관리

24 응급처치는 재해가 발생한 후 취하는 행동으로 사고발생 예방과는 상관이 없다.

음식 재료관리

25 • 단백질 : 트립신(trypsin)
　• 탄수화물 : 아밀라아제(amylase)
　• 지방 : 리파아제(lipase)

26 비효소적 갈변
　• 마이야르 반응(아미노카르보닐, 멜라노이드 반응) : 된장, 간장, 식빵, 케이크, 커피
　• 캐러멜화 반응 : 간장, 소스, 합성 청주, 약식 등

27 • 멜라닌 : 문어나 오징어 먹물 색소
　• 타우린 : 오징어, 문어, 조개류의 성분
　• 미오글로빈 : 동물의 근육색소
　• 히스타민 : 알레르기성 식중독 원인 독소

28 흰색 야채는 플라보노이드라는 수용성 색소를 가지고 있으며 이 색소는 일반적으로 산성에서는 백색, 알칼리성에서는 담황색을 띤다. 따라서 채소의 흰색을 그대로 유지하기 위해서는 산성의 식초를 넣어 삶는다.

29 아스타산틴 : 새우, 게, 가재 등 갑각류

30 겨자, 무 : 이소티오시아네이트

31 철분(Fe)의 기능
　• 헤모글로빈(혈색소) 구성 성분
　• 조혈작용

32 수용성 비타민 : 티아민(비타민 B_1), 리보플라빈(비타민 B_2), 아스코르브산(비타민 C) 등

33 영양섭취기준 : 평균필요량, 권장섭취량, 충분섭취량, 상한섭취량

음식 구매관리

34 잔치국수 100그릇 재료비 = (8000g×200원/100g당) + (5,000g×1,400원/100g당) + (5,000g×80원/100g당) + (7,000g×90원/100g당) + 7,000 = 103,300원
　∴ 잔치국수 1그릇 재료비 = 103,300원÷100 = 1,033원

35 가식부율 : 곡류·두류·해조류·유지류 등 (100) 〉 달걀(80) 〉 서류(70) 〉 채소류·과일류(50) 〉 육류(40) 〉 어패류(15)
　※ 대두, 두부, 숙주나물의 가식부율이 높다.

36 검수구역은 배달 구역 입구, 물품저장소(냉장고, 냉동고, 건조창고) 등과 인접한 장소에 있어야 한다.

37 총원가 = 제조원가 + 판매관리비

양식 기초 조리실무

38 전분의 호화 : 날 전분(β 전분)에 물을 붓고 열을 가하여 70~75℃ 정도가 될 때 전분입자가 크게 팽창하여 점성이 높은 반투명의 콜로이드 상태인 익힌 전분(α 전분)으로 되는 현상

39 전분의 가열온도가 높을수록 호화시간이 빠르며, 점도는 높아진다.

40 쌀은 왕겨, 외피(겨), 배아, 배유로 구성되어 있다. 쌀에서 왕겨를 제거하면 현미가 되고, 현미에서 외피, 배아를 제거하면 백미가 된다.

41 햅쌀은 묵은 쌀보다 수분함량이 많으므로 물을 적게 부어야 한다.

42 • 강력분은 글루텐 함량이 13% 이상으로 식빵, 마카로니, 피자, 스파게티 제조에 알맞다.
　• 보리의 고유한 단백질은 호르데인이다.
　• 압맥, 할맥은 소화율을 향상시킨다.

43 콩의 주요 단백질은 글리시닌이다.

44 당근은 카로티노이드계 색소를 가지고 있으며 지용성 비타민인 비타민 A의 급원식품이다. 따라서 당근을 기름에 볶아 섭취하면 영양소의 흡수율이 높아진다.

45 잼은 과일(사과·포도·딸기·감귤 등)의 과육을 전부 이용하여 설탕(60~65%)을 넣고 점성을 띄게 농축한 것으로, 미생물을 이용하여 제조하는 식품과는 관련이 없다.

46 발연점이 높은 식물성 기름일수록 튀김에 적당하며, 콩기름, 포도씨유, 대두유, 옥수수유 등이 발연점이 높다.

47 • 불고기는 열의 흡수로 부피가 감소한다.
• 스테이크는 가열하면 소화가 잘 된다.
• 소꼬리의 콜라겐이 젤라틴화 된다.

48 분리된 마요네즈는 새로운 난황에 분리된 마요네즈를 소량씩 넣고 저어주면 재생된다.

49 레드 케비지로 샐러드를 만들 때나 생강을 절이고자 할 때 식초를 첨가하면 적색을 나타내게 되는데 이는 안토시아닌 때문이다.

50 급속 냉동 시 얼음 결정이 작게 형성되어 식품의 조직 파괴가 작다.

51 신김치는 김치에 존재하는 산에 의해 섬유소가 단단해져 오래 끓여도 쉽게 연해지지 않는다.

52 중조(약알칼리)에 담갔다가 가열하면 콩이 빨리 연화되지만, 비타민 B_1의 파괴는 촉진된다.

53 트리메틸아민(TMA)이 많이 생성된 것은 신선하지 않다.

54 우유 가열 시 유청 단백질은 피막을 형성하고 냄비 밑바닥에 침전물이 생기게 하는데 이 피막은 저으며 끓이거나 뚜껑을 닫고 약한 불에서 은근히 끓이면 억제할 수 있다.

55 myoglobin은 적자색이지만 공기와 오래 접촉하여 Fe로 산화되면 적갈색의 metmyoglobin이 된다.

양식조리

56 육류 요리 플레이팅 구성 요소
• 탄수화물 파트(감자, 쌀, 파스타)
• 비타민 파트(브로콜리)
• 소스 파트(모체 소스, 응용 소스)
• 가니쉬 파트(향신료, 튀김)
• 단백질 파트(육류, 가금류)

57 가니쉬는 메인보다 적은 양으로 메인 요리의 맛을 증가시키는 역할을 한다.

58 빵 반죽을 끓는 물에 익힌 후 오븐에 구운 빵은 베이글이다.

59 다 익혀먹는 고기의 경우 내부 온도를 68℃ 이상으로 높게 하고 온도를 조절하여 굽는다.

60 갑각류 껍질을 으깨어 채소와 함께 끓인 수프는 비스크이다.